高等院校计算机教材系列

U0203255

面向对象程序设计
C++版
第2版

钱丽萍 汪立东 张健 编著

机械工业出版社
China Machine Press

图书在版编目（CIP）数据

面向对象程序设计：C++ 版 / 钱丽萍等编著 . —2 版 . —北京：机械工业出版社，2015.10
（高等院校计算机教材系列）

ISBN 978-7-111-51903-4

I. 面…　II. 钱…　III. C 语言 – 程序设计 – 高等学校 – 教材　IV. TP312

中国版本图书馆 CIP 数据核字（2015）第 252952 号

　　本书系统地讲解了面向对象程序设计的基本理论和基本方法，阐述了用 C++ 语言实现面向对象基本特性的关键技术。全书利用详实的程序实例，力图使读者在形成面向对象程序设计思维方法的同时，掌握面向对象程序设计语言 C++ 。

　　全书分为 12 章，内容包括：面向对象方法学导论、C++ 语言基础一、C++ 语言基础二、封装性、继承性、运算符重载、多态性、模板和 STL、异常处理、输入 / 输出流、Windows 编程初步知识以及综合设计与实现。

　　本书是在总结作者多年面向对象程序设计类课程（C++）教学经验的基础上编著而成的，各个知识点都密切结合例子展开讲解，并设计了一个贯穿全书各章节内容的实例。为方便读者复习和实践所学知识点，本书还配备有大量相关习题和实验。

　　本书文字通俗易懂，内容系统全面，既可作为高等院校本科生的面向对象程序设计类教材，也可以作为面向对象程序设计和 C++ 语言自学者的参考用书。

出版发行：机械工业出版社（北京市西城区百万庄大街 22 号　邮政编码：100037）
责任编辑：张梦玲　　　　　　　　　　　　　　责任校对：董纪丽
印　　刷：北京文昌阁彩色印刷有限责任公司　　版　　次：2016 年 1 月第 2 版第 1 次印刷
开　　本：185mm × 260mm　1/16　　　　　　　印　　张：16
书　　号：ISBN 978-7-111-51903-4　　　　　　定　　价：35.00 元

前　言

面向对象的程序设计方法是目前主流的程序设计方法，面向对象语言支持的面向对象特征包括封装（类与对象）、继承与多态。基于这些特征，用面向对象程序设计的方法很容易实现软件工程的重用性、灵活性和扩展性等主要目标。

C++ 语言是由 C 语言演化而来的面向对象的语言，由于 C 语言在程序设计语言中有着重要地位，所以 C++ 语言理所当然地成为一门重要的面向对象的程序设计语言。几乎所有的高校学生都要学习 C 语言，从 C 语言过渡到 C++ 的学习是一个自然的过程，因此大部分高校都将 C++ 语言作为面向对象的第一门学习语言。

通过本门课程的学习，学生应掌握 C++ 语言的语法，但又要避免使本门课程成为单纯的语言类教学。学生要探索如何在语言的学习过程中理解面向对象特征，培养面向对象的思维能力，这也是本书编写的目的。为此，编者在经过多年的教学实践后，搜集、整理并优化有关面向对象课程教学的经验，对本书进行了再版。

再版后，本书由《面向对象程序设计：C++ 版（第 1 版）》的 11 章增加至 12 章，将第 1 版[⊖]的第 2 章"C++ 语言基础"分成了"C++ 语言基础一"和"C++ 语言基础二"。C++ 语言基础一是 C++ 沿袭的 C 语言语法知识的浓缩，学过 C 语言的读者可以略过这章或将本章作为参考；C++ 语言基础二是 C++ 语言在 C 语言基础上新增的语言基础知识点。第 2 版将第 1 版中面向对象分析和设计阶段得到的类及类间关系图换成了 UML 中定义的标准图。另外，第 2 版对 STL 章节进行了更详细的介绍，增加了如何将不同对象存入容器并实现对象操作之类的例题，突出应用型本科教学重点；在综合设计与实现章节增加了综合性实例的开发，突出讲解面向对象基本特征在实际问题中的应用。各章节统一了编程规范，增加了例题，改进了习题和实验，增强了教学中学生不易理解章节的细节描述，书中部分未给出运行结果的例题的运行结果可以从 http://hzbook.com 上下载。

由于编者水平所限，书中不妥之处敬请读者批评指正。

在本书的编写过程中，得到各位同仁的关心，并得到北京建筑大学重点教材经费的支持。此外，北京建筑大学计算机系 13 级、14 级以侯一爽为代表的同学们在试用本书的过程中提出了许多宝贵的修改意见，在此一并提出感谢。

本书配有 PowerPoint 演示文稿和例题源代码，所有例题可以在 Visual C++ 环境和 Dev C++ 环境下运行。

感谢阅读本书的读者！

编　者
2015 年 11 月

⊖　《面向对象程序设计：C++ 版》(第 1 版)，由机械工业出版社出版。——编辑注

目　　录

第1章 面向对象方法学导论

面向过程程序设计方法与面向对象程序设计方法在本质上就不同。面向过程程序设计方法与计算机的工作过程是完全吻合的，而面向对象程序设计方法与人类思维习惯相吻合。本章首先用一个简单的计算圆面积的例子对比说明用面向过程程序设计方法和面向对象程序设计方法解题的不同，然后着重介绍了面向对象程序设计方法的基本概念、面向对象分析和设计的过程。

1.1 面向过程的程序设计方法

1.1.1 计算机的工作原理

通用计算机由五大部件组成：控制器、运算器、存储器、输入设备和输出设备。这五大部件间的联系如图 1-1 所示。

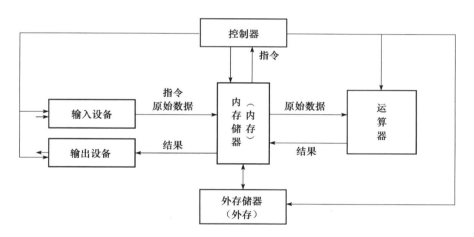

图 1-1　通用计算机的组成

通用计算机的五大部件在指令的控制下，协同工作，共同完成特定的计算任务，其工作过程如下：指令和原始数据从输入设备输入到计算机内存中，运算器从内存中读取原始数据，控制器从内存中读取指令，以控制各个部分协调一致地完成运算，并将结果存于内存中（外存储器用于扩展内存的容量及作为持久存储），输出设备从内存中取出结果并输出。通用计算机的这种架构是由数学家冯·诺依曼（Von Neumann）提出的，它的主要工作机理是"存储程序并逐条执行"。

输入计算机的信息分成两大类：数据（Data）和程序（Program）。所谓"数据"指的是被处理的对象，而"程序"是指示计算机如何工作（处理数据）的一连串指令，即用于控制计算机完成特定任务的指令序列。

1.1.2　面向过程程序设计方法

计算机的工作过程可以归结为：输入→运算→输出，其中最重要的部分是如何进行运算（解题）。计算机在程序的控制下解题，解题的方法称为算法，将算法用计算机语言实现就得到了程序。面向过程程序设计的方法与计算机的工作过程是完全一致的，即首先要明确程序的功能，程序设计的重点是如何设计算法和实现算法。在面向过程程序设计中，通常可以采用流程图来描述算法。

【例 1-1】　计算圆和长方形的面积。

设 r 是圆的半径，π 是圆周率的近似值（取 3.14），则圆面积 s_1 的计算公式为 $s_1=\pi \times r \times r$；设长方形的长为 l，宽为 w，则长方形面积 s_2 的计算公式为 $s_2=l \times w$。计算圆和长方形面积的算法可以用图 1-2 中的流程图来描述。

计算圆和长方形面积的程序标准 C 语言实现如下：

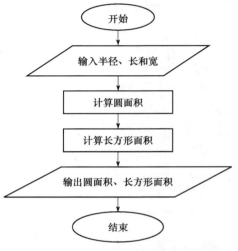

图 1-2　计算圆和长方形面积的流程图

```
#include <stdio.h>
int main()
{
    float r, l, w;
    double s1, s2;
    printf("Input r, l, w:");
    scanf("%f%f%f", &r, &l, &w);        //输入
    s1=3.14*r*r;                         //运算
    s2=l*w;                              //运算
    printf("The area of circle is:%f\n",s1);    //输出
    printf("The area of rectangle is:%f\n",s2); //输出
    return 0;
}
```

面向过程程序设计方法实际上是从计算机处理问题的观点来进行程序设计工作：输入→运算→输出。因为计算机的工作过程是一步一步进行的，为了完成指定功能，所以必须告诉它详细的解题步骤。面向过程程序设计者需要从计算机的角度，将解题步骤用计算机语言描述出来，因此程序设计者需要变更习惯的思维方法，以贴近计算机的内部工作机理。

在面向过程程序设计中，一种普遍采用的优化方法是使用结构化程序设计方法。结构化程序设计方法的设计思路是自顶向下，逐步求精。在问题求解过程中，先进行整体规划，将一个复杂的问题按功能分解成一个个的子问题，然后对每个子问题按功能再进行细化，依此进行，直到不需要细分为止。具体程序实现时，每个子功能对应一个模块，模块间尽量相对独立，但可通过调用关系或全局变量而有机地联系起来。所有的模块都由顺序、分支和循环三种基本结构组成。在 C 语言中，每一个子模块对应设计成一个函数，各个函数及函数间的调用关系组成了程序。因此，C 语言程序员非常注重函数的编写。

【例 1-2】　例 1-1 的模块化程序设计。

根据结构化程序设计的设计思路，先对问题进行分解。例 1-1 的问题可以分成两个子问

题，即计算圆面积和计算长方形面积，而计算圆面积和计算长方形面积的工作又可以分解为三个子问题来解决，即输入、计算、输出。下面给出计算圆面积和长方形面积的程序。

```c
#include <stdio.h>
void input_r(float *r){                              //输入
  scanf("%f",r);
}
double circle_s(float r){                            //计算
    return 3.14*r*r;
}
void output_circle(double s){                        //输出
  printf("The area of circle is:%f\n", s);
}
void input_lw(float *l,float *w){                    //输入
  scanf("%f%f",l,w);
}
double rectangle_s(float l, float w){                //计算
    return l*w;
}
void output_rectangle(double s){                     //输出
    printf("The area of rectangle is:%f\n", s);
}
int main(){
    float r, l, w;
    float cs, rs;
    input_r(&r);
    cs=circle_s(r);
    output_circle(cs);
    input_lw(&l,&w);
    rs=rectangle_s(l, w);
    output_rectangle(rs);
    return 0;
}
```

该程序由 7 个子模块组成：输入半径子模块、计算圆面积子模块、输出圆面积子模块、输入长宽子模块、计算长方形面积子模块、输出长方形面积子模块以及主函数。程序运行从主函数 main() 开始，分别调用输入、计算、输出模块。

面向过程程序设计方法所设计的程序架构可以用图 1-3 来概括。

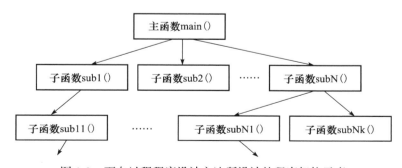

图 1-3　面向过程程序设计方法所设计的程序架构示意

结合图 1-3，可以看出：

1）面向过程程序设计方法一般适宜采用自上而下的设计方法，即先设计出主函数

main()，从整体上概括出整个应用程序需要实现的功能。在此基础上，将每项功能进一步分割成相对较小的功能模块，在实现上对应于一系列子函数，而主函数 main() 的主要任务就是完成对这些子函数的有机调用。各子函数又按同样的细化方法进一步细分。

2）由于面向过程程序设计方法需要在一开始就全面地、自上而下地设计整个应用程序的架构，所以要求程序设计者对问题域有全面的了解。对于简单的问题，面向过程的程序设计方法易于理解和掌握，因为人类在思维上可以很容易地逐步细化这些简单的问题。而对于复杂的问题，由于程序设计者往往并非此问题领域的专家，所以很难在较短时间内理解问题的本质并掌握解决方法。

3）由于面向过程程序设计方法一般是专门针对特定问题及其流程而设计的，并且各模块间存在着复杂的依赖和关联关系，所以在解决新问题时，以前对问题的理解在此很难适用，即很难复用以前已经设计完成的软件。

程序设计语言的发展大致经历了五代，其中第一代机器语言（二进制代码）、第二代汇编语言（符号代码）、第三代高级语言（符号代码）的发展演化具有比较明确的界限，用它们编写的程序在本质上是相同的，都是按照机器的工作过程来编写的，只不过程序的描述语句越来越接近人类的思维，通用性越来越强。而自第三代语言开始，第四代面向对象语言、数据库语言、非过程语言等与第五代智能化语言、自然语言等则没有严格的分类标准界限，它们往往呈交叉发展趋势。

可以认为，机器语言是对计算机的抽象，汇编语言是对机器语言的抽象，随后的高级语言是对汇编语言的抽象。这些高级语言较汇编语言有了巨大的进步，但这仍是一种初级的抽象，仍然要求程序设计是从计算机的角度，而不是从待解决的问题的角度来思考。程序设计者必须在机器模型与待解决的问题模型之间建立关联，处理这种映射所带来的压力以及编程语言在这方面的不足，这使得程序编写、维护困难。面向对象的方法则更进了一步，它为程序设计者提供了能在问题空间表述各种元素的工具，因此允许从问题的角度，而不是从计算机的角度来描述问题。

1.2　面向对象程序设计方法

所谓对象就是可以控制和操作的实体。现实世界中，对象无所不在，包括人、车、动物、植物、建筑物等。人类习惯的思维方式是面向对象的思维方式，即从对象的角度出发来处理问题，用对象分解代替了功能分解。人们通过对象来思考问题，对于每一个问题，首先分解出来的是问题域中一个个有关的对象，其中每个对象是相对独立的，各自承担完成任务所需要的技能，同时对象间又存在相互作用，彼此影响。如对于学校的管理，首先浮现在人们脑海中的就是该学校的各个管理部门和各种工作人员。至于各个部门，都有自己的管理方式。对于外部人员来说，一般只需要知道各部门的职责，其内部的具体管理细节我们并不用知道更多。这里的各个部门、各种人员就是对象。再比如，上理发店理发，我们只要找到理发店的一个师傅，告诉他剪头发，师傅自然会将头发理好。我们个人不需要去关心剪发的过程和方式，如是先剪前面还是先剪后面、如何操作剪刀等。这里的理发师也是对象。

面向对象的思想起源于 20 世纪 60 年代的 Simula 语言，并在 Smalltalk 语言中得到完善和标准化。面向对象程序设计方法是一种自下而上的程序设计方法，它不像面向过程程序设计方法那样，需要在一开始就要用主函数 main() 概括出整个程序，它往往是从问题的一部分着手，一点一点地构建出整个程序。面向对象设计以数据为中心，同一种类对象抽象出来的类作为表现数据的工具，成为划分程序的基本单位。

概括起来，面向对象的思想和方法有以下几个重要特点：

1. 客观世界由对象组成

面向对象方法学认为：客观世界由各种各样的对象组成，任何客观的事物或实体都是对象，复杂的对象可以由简单的对象组成。现实生活中的对象一方面有自己的属性，如汽车有长度、颜色、速度、行驶方向、耗油量等，另一方面有自己的行为（也称为方法或操作），如启动、刹车、鸣笛等。

2. 对象抽象为类

人们通过研究对象的属性，观察对象的行为，从而了解对象。每个对象都有许多属性，忽略那些与当前问题无关的特征，抽取其本质特征，并将具有共性的对象归并为一个类（class），从而可知对象是类中的一个具体实体，类是对象共性的抽象。例如，人可以作为一个类，它是世界上所有实体人（如张三、李四等）的抽象，而实体人（张三、李四等）则是人这个类中的一个个对象。

3. 类与类之间存在继承关系

就好比人按性别可以分为男人、女人，男人按年龄大小可以分为老年人、中年人、儿童等，人与人之间存在着一种层次关系，男人、女人是人，作为共性的人，具有人的属性和行为；同时男人、女人还有区别于共性人的特有属性和行为。一个类可以具有另一个类的所有属性和行为，还可以有自己特有的新特性（新的属性或新的行为），这种类与类之间的关系称为继承和派生关系，如图1-4所示。

在类的层次结构中，处于上层的类称为父类或基类，处于下层的类称为子类或派生类。

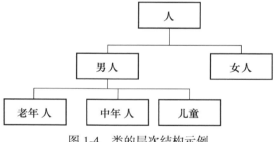

图1-4 类的层次结构示例

4. 对象之间通过传递消息而彼此联系

客观世界中各个对象之间不是孤立的，它们之间通过传递消息而互相联系。

对于面向对象的程序设计，程序员注重的是类的设计和编写，即问题域中涉及几个类，各个类之间的关系如何，每个类包含哪些数据和方法，而不再是为求解问题而设计功能模块。面向对象程序设计方法中，在着手编写代码之前，先要进行面向对象的分析和设计，分析和设计的过程可以用图形化语言，如统一建模语言 UML（Unified Modeling Language）来表示。

【例1-3】 利用面向对象的思想求解圆和长方形的面积。

首先利用面向对象的思想来分析这个问题，这里存在两个类：圆和长方形。不同大小的圆、不同大小和形状的长方形各自都是对象。它们有许多属性（数据）：大小、颜色、位置等，还有许多方法，如以不同颜色画图形、移动图形、计算周长、计算面积等。这里与解决本问题有关的数据是大小（可以分别用圆的半径、长方形的长和宽来度量），与解题有关的方法是计算面积。另外，由于圆和长方形都是图形，具有图形的一般特征，如标识图形大小的边（半径或长与宽等），可以计算图形面积、周长等，因此它们又是图形这个类的子类。

面向对象程序设计中，类的属性称为数据成员，表现为类中的变量；类的方法称为成员函数，表现为类中定义的函数。

图形类是从各种不同图形抽象出来的有关图形共性特征的类，称为抽象类，设其类名为

Shape，两个成员函数为 GetMessage() 和 Area_Output()，这是两个公用接口，其实现部分在

派生类中，其中，GetMessage() 用于输入数据
成员的值，Area_Output() 用于输出图形的面积。
Shape 有两个子类：Circle（圆类）和 Rectangle
（长方形类）。Circle 类另有数据成员 r 和 s，表
示圆的半径和面积，其成员函数 GetMessage()
用于输入半径 r 的值，Area_Output() 用于输出
圆的面积。Rectangle 类另有数据成员 l 和 w 以
及 s，分别表示长方形的长和宽以及面积，其
成员函数 GetMessage() 用于输入长 l 和宽 w 的
值，Area_Output() 用于输出长方形的面积。经
过分析，可以建立图 1-5 中的对象模型。

根据此模型，可以编写如下的 C++ 代码：

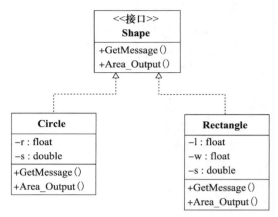

图 1-5　图形的对象模型

```cpp
#include <iostream>
using namespace std;
class Shape{
  public:
    virtual void GetMessage()=0;
    virtual void Area_Output()=0;
};
class Circle: public Shape{
    float r;                        //半径
    double s;                       //面积
public:
    void GetMessage(){
        cout<<"Please input r of circle:"<<endl;
        cin>>r;
    }
    void Area_Output(){
        s=3.14*r*r;
        cout<<"the area of circle is:"<<s<<endl;
    }
};
class Rectangle: public Shape{
    float l, w;                     //长和宽
    double s;                       //面积
public:
    void GetMessage(){
        cout<<"Please input l of rectangle:"<<endl;
        cin>>l;
        cout<<"Please input w of rectangle:"<<endl;
        cin>>w;
    }
    void Area_Output(){
        s=l*w;
        cout<<"the area of rectangle is:"<<s<<endl;
    }
};
int main(){
    Shape *p;
```

```
    p=new Circle;
    p->GetMessage();
    p->Area_Output();
    p=new Rectangle;
    p->GetMessage();
    p->Area_Output();
    return 0;
}
```

由于 Shape 类在未确定是何图形时，其 GetMessage() 和 Area_Output() 都没有实质性操作，所以将它们的实现部分设为 0。但从程序框架上可以看出，面向对象程序是由类（Shape、Circle 和 Rectangle）组成，各个类中有数据（r、l、w）和方法（GetMessage() 和 Area_Output()），类间具有层次关系，对象间通过传递消息彼此联系（p->GetMessage() 和 p->Area_Output()）。

面向对象的程序由类和对象组成，复杂的程序由比较简单的类和对象组合而成。每个类集中了自己的属性（数据）和方法（操作），并且对于同一个类的不同对象，具体的数据和操作也可能是不同的。如上，所有有关圆的属性和操作封装在 Circle 类中，而所有有关长方形的属性和操作封装在 Rectangle 中。

由于类描述的是一组具有相似特征的属性和行为的对象，因此类实际上也是一种数据类型。例如，整型、浮点型、字符型等 C 语言的基本类型，实际上也有自己的属性和行为，如存储字长、取值范围、算术运算等。这些基本的数据类型之所以有别于类的概念，是因为数据类型是为了表示计算机的存储而设计的，而类是由程序设计者根据问题的需求而自行定义的。

在学习"数据结构"这门课程时，关于程序有一种经典的说法，即：

程序 = 数据结构 + 算法

这一说法对面向过程的程序设计方法是适用的，但对于面向对象的程序设计方法而言，如下表述则更为合适：

程序 = 对象 + 消息

1.3 面向对象方法的基本概念

本节系统地阐述面向对象方法的一些基本概念和理论。

1.3.1 对象、类、实例

现实世界是由各种各样的实体（事物、对象）所组成的，每种对象都有自己的内部状态和运动规律，不同对象间的相互联系和相互作用就构成了各种不同的系统，进而构成整个客观世界。对象是客观世界中的实体，它既可以是具体的物理实体，如公司、汽车、张三等，也可以是一个抽象的事或物，如法律、计划、存款等。对于问题域中的对象，只需考虑与问题本身有关的部分。

对象具有如下特征：

1）有一个名字：称为对象名，用来区别于其他的对象；

2）有一组属性：对象的性质称为对象的属性，一般可以用数据来表示，所有的属性都有值；

3）有一组方法：对象的功能或行为称为方法，一般用一组操作来描述；

4）有一组接口：除施加于对象内部的操作外，对象提供了一组公有操作，用于与外界接口，从而可以与其他对象建立关系。

　　类是对象抽象的结果，是对具有相同属性和相同操作的一个或一组相似对象的抽象，对象是类的具体化。组成类的对象又称为类的实例，如张三、李四、王五等都是具体的人，他们具有人的共性，所以可以将人抽象为一个类，而张三等则为人这个类的实例。

1.3.2　消息传递

　　面向对象程序设计方法隐藏了某一方法的具体执行步骤，取而代之的是通过消息传递机制传送消息给它。对象之间相互联系的唯一途径是消息传递。消息是对象之间相互请求、相互协作的途径，是要求对象执行其中某个操作的规程说明。发送者发送消息，接收者通过调用相应的方法对消息做出响应。这个过程不断重复，系统不停地运转，最终得到相应的结果。

　　因此，一个消息的发送者通常要说明三部分内容：

　　1）接收消息的对象；

　　2）消息名；

　　3）零个或多个变元（消息参数）。

　　在 C++ 语言中，每个消息在类中由一个相应的方法给出。消息的传递在程序中通过对象调用接口（函数）来实现。例如，"MyCircle.Show(RED);"其中：

　　1）MyCircle 是接收消息的对象的名字；

　　2）Show 是消息名；

　　3）RED 是消息的变元，表示以红色显示圆。

　　一个对象所能接收的消息及其所带参数构成该对象的外部接口。对象接收它能识别的消息，并按照自己的方式来解释和执行。一个对象可以同时向多个对象发送消息，也可以接收多个对象发来的消息。相同形式的消息可以发送给不同的对象，同一个对象也可以接收不同形式的消息。消息的发送者可以不考虑具体接收者，只是反映发送者的请求。由于消息的识别、解释取决于接收者，对象可以响应消息也可以不响应消息。消息的传递机制如图 1-6 所示。

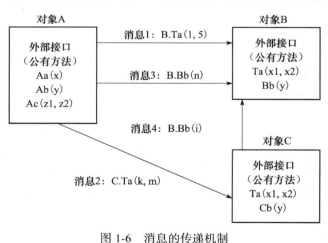

图 1-6　消息的传递机制

1.3.3　类的基本特征：封装、继承和多态

1. 封装

　　封装是把对象的属性（数据）和操作代码（方法）集中起来放在对象内部，外界通过对象

提供的接口来使用对象，而不需要知道其内部数据结构的细节和实现操作的算法。封装包含两方面的含义：

1）封装是把对象的全部属性和方法结合在一起，形成一个不可分割的独立单位，即对象。

2）封装实现了信息隐藏，即尽量隐藏对象的内部细节，对外形成一个黑盒，只保留有限的对外接口，使之能够与外部发生联系。

从图1-7中可以看出，有些数据和方法对外界是不可见的（或称其为私有的）。私有的数据或方法一般由对象的内部操作来改变，外界不必知道对象内部是如何实现的，外界也不可随意对其使用和修改。对象与外界的交流是通过公有操作（外部接口）来实现的。

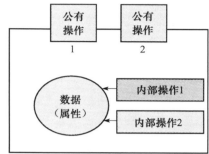

图 1-7　封装图示

例如，录音机、收音机分别都是对象。录音机又有多种，如盘式、卡式、盒式、数字式等，其中卡式录音机具有音量等属性，相关方法包括开盒、播放、停止、倒带、快速前进、调节音量大小、录音、走带方向控制、杂音抑制、立体声通道幅度平衡等方法，对外提供的接口包括开盒、播放、停止、倒带、快速前进、调节音量大小、录音。

在软件设计上，封装原则的要求是：对象以外的部分不能随意存取对象的内部数据（属性）。这一原则既实现了信息隐藏，也有效地避免了外部对它的错误操作。

这很像电视机、录音机、游戏机等，从其外形来看，它们都是各种机械零件被封装在盒子内部。使用这些机器的人并不需要知道机器内部有哪些零件、它们是如何组装的、它们的工作原理又如何。使用者只需要会使用机器提供的几个外部按钮（对应于对象的外部接口），就可以实现自己所需要的功能。将机器零件封装在盒子内部，既可以避免各种人为的损坏，也便于维护和管理。很显然，实现封装的条件包括：

1）有一个清楚的边界：对内的功能和对外的功能可以比较明确地划分开。

2）有确定的接口：用于接收用户发送的消息。

3）受保护的内部实现：内部功能对外是不可见的。

在 C++ 语言中，封装是通过定义类来实现的。

2. 继承

继承是类与类之间一种比较常见的关系，它是指一个类（称为子类）可以直接获得另一个类（称为基类）的性质和特征，而不用重新定义它们。例如，图形与线、弧、多边形及圆之间的关系是继承关系，所有的图形都由线条构成，有颜色、有位置、可以移动等，所以这些公共属性可以放在图形类中，线、弧、多边形及圆可以继承图形的公共属性，而不必重复定义，同时它们也可以各自定义专用的而图形类中未包含的属性。

在面向对象程序设计中，继承是子类自动共享基类中已定义的数据和方法的机制。这种机制增强了系统的灵活性、易维护性和可扩充性。从继承的定义可以看出，继承具有传递性，如果类 C 继承类 B，类 B 继承类 A，则类 C 继承类 A。类 C 除了具有该类所描述的性质外，还具有该类上层全部基类（类 B 和类 A）所描述的一切性质。

一个类也可以从多个类中继承属性与方法，这称为多重继承，例如，一个公司的销售经理既具有销售员的角色，又具有经理的角色，因此销售经理这个类可以继承销售员类和经理类。再如，收音机的例子，收音机又分为调幅（中波）收音机、调频（FM）收音机、调频／调幅两波段收音机、调频立体声 / 调幅两波段收音机、调频 / 中波 / 短波多波段收音机等，其中调幅收音机、调频收音机是收音机的子类，调频立体声收音机是调频收音机的子类，调频 / 调幅两波段收音机是调频收音机和调幅收音机的共同子类，既继承调频收音机，又继承调幅收音机。另外，收录两用机是收音机和录音机的共同子类。

3. 多态

在类层次结构的不同层级中，相同的消息被不同类的对象接收，可能会产生不同的响应效果，这种情况称为多态。多态的概念在现实生活中到处可见，也具有多种形式的多态。"打"这个字，可用于"打篮球""打乒乓球""打酱油""打人"，虽然都是同一个"打"字，但触发的对象却完全不同。再如，"动物吃东西"这个方法，具体到牛和狼，它们吃的方式和内容都不一样，可以分别演绎为"牛吃草"和"狼吃肉"。再如，水具有固态（冰）、液态（水）和气态（汽）三种形态。

在面向对象程序设计中，多态性依托于继承性。在具有继承关系的类层次结构中，不同层级的类可以共享一个操作，但却可以有不同的实现。当对象接收到一个请求时，它根据其所属的类，动态地选用在该类中定义的操作。

多态性是在对象体系中把设想和实现分开的手段。多态性意味着某种概括的动作可以由特定的方式来实现，把需要设计处理的特定抽象描述留给知道该如何完美地处理它们的对象去实现。多态性可以为程序提供更强的表达能力，如可以使程序中的数学运算（如复数的加减乘除运算）符合常规的数据（整型数据、实型数据）运算规则。多态性也可以使得对不同类型的数据有同样的操作形式，从而实现程序的重用，并通过重用标识符提高程序的可阅读性。

对多态性的概括性描述是：对象具有唯一的静态类型和多个可能的动态类型。多态是面向对象程序设计的精髓之一，它增加了软件系统的灵活性，减少了信息冗余，从而提高了软件的可重用性和可扩充性。

1.4 面向对象的开发过程

面向对象的软件开发过程包括面向对象的分析（Object-Oriented Analysis，OOA）、面向对象的设计（Object-Oriented Design，OOD）和面向对象的实现，即面向对象的编程（Object-Oriented Programming，OOP）。面向对象的方法学大师 Grady Booch 对面向对象的分析、面向对象的设计和面向对象的实现有一段经典的论述，即：

1）面向对象的分析是一种分析方法，它用可在问题域的词汇表中找到的类和对象的观点来审视需求。

2）面向对象的设计是一种设计方法，它包含面向对象的分解过程，以及一种表示方法，用来描写设计中的系统逻辑模型与物理模型，以及静态模型与动态模型。

3）面向对象的实现是一种实现方法，程序被组织成对象的协作集合，每一个对象代表某个类的实例，对象的类是通过继承关系联合在一起的类层次中的所有成员。

在现实生活中，有时为了透彻地理解问题，人们通常采用建立问题模型的方法，即用一组图示符号及其组织规则，将现实具体的东西形式化地表达出来。通过模型抽象出问题的本质，使问题更容易理解，建立问题模型的过程称为建模。统一建模语言（Unified Modeling Language，UML）是一种基于面向对象的可视化建模语言，它采用标准的、易于理解的方式表达出问题，便于用户和开发者进行交流。常用的 UML 建模工具有 Rational Rose、Microsoft Visio 等，比较容易得到而且被广泛使用的是 Microsoft Visio，它是 Office 系列软件之一。

面向对象方法最基本的原则是按照人们习惯的思维方式，用面向对象的观点建立问题域的模型，从而开发出能尽量自然地表现求解方法的软件。心理学的研究也表明，把客观世界看成是许多对象，这一方式更接近人类的自然思维方式。同时对象比函数更为稳定；当软件需求变动而导致功能相关的变动时，对象通常不会有大的变动。另外，面向对象的方法通过信息隐藏、数据抽象和封装，使对象内部的修改被局部隔离。从而使基于面向对象方法开发的软件易于修改、扩充和维护。

用面向对象方法开发软件时，通常要建立三种形式化模型：对象模型、动态模型和功能模型。三种模型的侧重点不同，在不同的应用中，对于问题域的描述，这三种模型的重要程度也不同。对象模型描述了问题域中的对象及对象之间的关系，在任何情况下，它始终是最重要、最基本的描述模型。对于本门课程来说，掌握对象模型是必要的，更深入的理论将会在软件工程课程中涉及。

1.4.1　面向对象的分析和设计

面向对象分析是抽取和整理用户需求并建立对象模型的过程，关键之处是：其产出物能够映射到业务系统的需求。这里隐含了三个方面的含义：

1）面向对象分析是从分析用户需求开始。

2）面向对象分析的结果是对问题精确而简洁的表示，即对象模型。

3）面向对象的分析过程需要其他信息的支持，如应用领域的专家知识、客观世界的一般常识等，它们是建立对象模型的主要信息来源。例如，在屏幕上画一个圆，隐含着需要半径、圆心位置、笔的颜色和粗细等信息。

面向对象分析阶段的主要工作包括：分析对象模型、分析业务行为、连接对象模型和业务行为等。对象模型是面向对象分析阶段的主要成果之一，它表示问题求解系统的数据，描述的是系统的静态结构，由类图以及类 – 类间、对象 – 对象间的交互关系构成。

要建立对象模型，大体上可按照下列顺序进行：

1）寻找类及对象。

2）确定对象之间的关系。

3）定义对象的属性和方法。

其中的关键步骤是分析问题域中的对象及对象之间的关系。

面向对象设计是把面向对象分析阶段得到的需求转变成符合成本和质量要求的、抽象的系统实现方案的过程。从面向对象分析到面向对象设计，是一个逐渐扩充模型的过程，即对面向对象分析过程中得到的对象模型进行进一步扩充，并加入实现的细节。面向对象分析的各个层次（如对象、结构、主题、属性和服务）是对"问题空间"进行了模型化，而面向对象的设计则需要对一个特定的"实现空间"进行模型化，通过抽象、封装、继承性、消息通信、通用的组织法则、粒度和行为分类等途径控制设计的复杂性。也就是：面向对象设计建立在面向对象分析之上，细化业务模型和业务行为，给出面向对象的技术实现。

按照"C++ 之父"Bjarne Stroustrup（C++ 语言的设计者和最初实现者）的说法，面向对象设计模式是：

1）决定所需的类。

2）给每个类提供完整的一组操作。

3）明确地使用继承来体现共同点。

因此，面向对象设计就是根据需求决定所需的类、类的操作以及类之间关系的过程，即核心是类的设计。

面向对象设计的关键是，其产出物能映射到计算机系统的要求。面向对象设计可以分为对象设计和系统设计，其中对象设计的步骤包括：对类进行细化及重新组织；细化和实现类之间的关系，确定该关系的可见性；增加类的属性，确定属性的类型及其可见性；进行类图和时序图设计等。系统设计的步骤包括：系统框架设计及功能分解、并发性访问设计、数据存储及数据库设计、软件控制机制设计、人机交互设计等。

面向对象设计过程所涉及的工作比较多，一般可以分为概要设计和详细设计两个阶段，其详细内容在软件工程等课程中会有进一步的论述。本书只是根据对象模型，从设计的角度出发，介绍如何对类进行进一步抽象和描述。类的设计包括：确定类名、类的属性和方法，以及类的继承关系。类由属性（数据变量）和使用这些数据变量的行为（方法）两部分构成，如图 1-8 所示。

在面向对象方法中，分析与设计并不是截然分开的，它是一个反复迭代的过程。

1. 确定类及对象

（1）类的表示

类是对象模型中的主要部件，其中包含三方面信息：类名、属性和方法，如图 1-9 所示。在 UML 中，类用矩形表示，同时将矩形分成三部分：上部为类名，中间为属性，下部为方法，分隔线用来分离类名、属性和方法。一般情况下，类名在矩形的最上方，其次是属性，然后是方法。

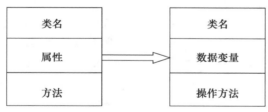

图 1-8　类的设计

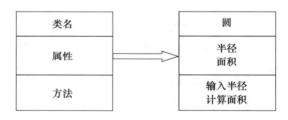

图 1-9　类的符号表示

类属性的语法为：

[可见性] 属性 [: 类型][= 初始值]

类方法的表示语法为：

[可见性] 操作名 [(参数表)][: 返回类型]

可见性通常有："－"表示私有（private），"＋"表示公有（public），"＃"表示保护（protected）。

参数表表示"名称：类型"，若存在多个参数，则各个参数用逗号隔开，参数可以具有默认值。

如图 1-10 所示为 Circle 类的类图。Circle 类有两个属性：radius 和 area，数据类型为 float 型和 double 型，Circle 类还包含方法 GetRadius() 和 ComputeArea() 以及 ShowArea()。

UML 中可以根据实际情况选择隐藏属性或者方法部分，再或者两者都隐藏。图 1-11 所示的类图隐藏了属性和方法。

Circle
–radius : float
–area : double
+GetRadius()
+ComputeArea()
+ShowArea()

图 1-10　Circle 类的
类图表示

接口是在没有给出对象的实现和状态的情况下对对象行为的描述。接口仅包含方法不包含属性。一个类有一个或多个接口。接口的符号和类的符号相似，与类的区别在于顶端有接口，但也可以用一个空心圆表示。接口的表示方法如图 1-12 所示。

图 1-11   隐藏了属性或方法的类图   图 1-12   接口的表示方法

注：对于 Visio 中 UML 图的画法，打开 Visio，在"文件"菜单上，依次指向"新建""软件"，然后单击"UML 模型图"，选择"静态结构"，拖动想要的图示到编辑窗口，然后双击或右键单击选择修改名称等。

（2）确定类

要确定问题域中的类及对象，首先需要找出问题域中候选的类及对象。在确定类及对象时，一种简单的方法是将需求分析中的名词或名词短语作为候选者，然后从其中筛选出正确的类及对象。当从候选的类及对象中去掉对所求解问题无意义的类及对象时，可以参照一些原则：

1）冗余的类要加以取舍：例如，银行管理系统中，用户和储户一般表示同一个含义，此时应保留更有描述力的名称"储户"。

2）选取与问题域有关的类：例如，在屏幕上画一个圆，屏幕是输出设备，该信息对本问题没有实际意义，因此无需保存该信息，可以去掉。

3）去掉类的属性：例如，画一个半径为 5 的圆，半径是一个名词，但它是圆的一个属性，不应单独作为一个类。

4）去掉泛指的名词：例如，学籍管理系统中的"系统"。

5）根据应用来确定是类还是操作或属性：有些可以作为动词的名词，要正确地判断它是应该作为类，还是应该作为类中的操作。例如，"拨号"一词，对于打电话来说，它是一个操作；而对于开发拨号系统，"拨号"需要有自己的属性（如日期、时间、受话地点等），此时应作为一个类来使用。又如，在邮政目录管理系统中，"城市"被确定为属性，而在人口普查系统中"城市"则应该被确定为对象。

2. 确定类间关系

类间关系常见的有泛化关系（Generalization）、关联关系（Association）、依赖关系（Dependency）、实现（Realization）。关联关系有一般的关联关系、聚合关系（Aggregation）和组合关系（Composition）。

（1）泛化关系（继承关系）

泛化关系表示"一般 - 具体"关系，又称为"is-a"（是一种）关系，它反映了一个类与若干个互不相容的子类之间的分类关系。处于类层次高层的类具有一般（公共）的信息，称为基类或超类；处于类层次低层的类只需定义具体（个别）的信息，而它的公共信息可从高层次中继承而来。低层次类称为派生类或子类。

例如，汽车、火车、轮船、飞机、小轿车、大卡车等均属于交通工具，它们具有交通工具的一般特征，如能从一个地方到另一个地方。如果将交通工具作为一个基类，则汽车、火车、轮船、飞机都可以继承交通工具的一般特性，并在此基础上加上各自独特的性质形成一个个派生类。而小轿车、大卡车也是一种汽车，它们又可以将汽车作为基类，并在此基础上加上各自的性质形成新的派生类。图 1-13 描述了交通工具的层次结构图。

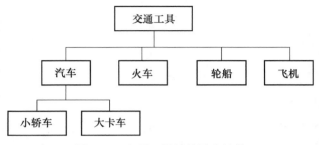

图 1-13　交通工具间的层次结构

图 1-13 中，每一条线段都表示"是一种"的关系，如汽车"是一种"交通工具，大卡车"是一种"汽车。

再如，图形与线、弧、多边形及圆之间是一般 – 具体的关系，如图 1-14 所示。

图 1-14　图形间的层次关系

UML 中的泛化关系用带三角箭头的实线表示，箭头指向父类。图 1-15 表示 Shape 类与圆类、矩形类之间的泛化关系。

（2）关联关系

关联关系用于描述类与类之间的连接。

1）组合关系。组合关系是"整体 – 部分"关系，又称为" part-of"关系，它反映了对象之间的构成关系。在组合关系中，部分不能离开整体而单独存在。例如，以下教材和封面、前言、目录、章之间的关系是整体和部分的关系，章和节、习题之间的关系是整体和部分的关系，如图 1-16 所示。

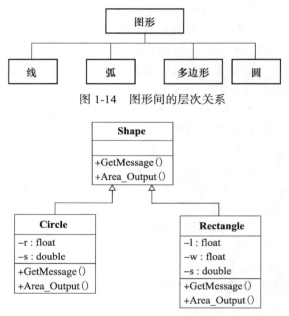

图 1-15　类间泛化关系的 UML 表示

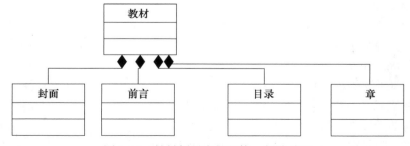

图 1-16　教材例子中的整体 – 部分关系

整体和部分之间的关系用带实心菱形的实线表示，菱形指向整体。

注：在 Visio 中，聚合和组合关系被分别称为共享和复合关系。

2）聚合关系。聚合关系也是"整体 – 部分"的关系，但部分可以离开整体而单独存在。

如车和轮胎是整体和部分的关系，轮胎离开车仍然可以存在；队伍和队员的关系，队员离开队伍还可以单独存在。

聚合关系用带空心菱形的实线表示，菱形指向整体，如图 1-17 表示。

图 1-17　聚合关系

注：对于 Visio 中的画法，先绘制普通复合线，再右键单击该线，在出现的菜单中选择"格式 – 线条"，根据需要在出现的窗口中选择"起点 – 共享"或"终点 – 共享"，然后就会出现聚合关系图样。

3）一般的关联关系。如果两个类的对象之间存在可以互相通信的关系，或者一个对象能够感知另一方，则这两个类之间存在关联关系。关联关系是一种结构化的关系，在语义上，关联的两个对象之间一般是平等的，如朋友关系。每个关联用两个类之间的一条线段表示。关联可以是双向的，也可以是单向的。双向的关联可以有两个箭头或者没有箭头，单向的关联有一个箭头。如果关联有名字，则将关联名放在连线上。线段上的数字表示关联的数量和数量范围。

例如，图 1-18 描述了产品和销售额之间的关系。

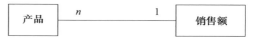

图 1-18　产品和销售额之间的关联关系

每种产品，只有一个销售额，而一个销售额，可以对应多个产品。

老师与学生是双向关联，一个老师有多名学生，一个学生也有多名老师。但学生与某课程间的关系为单向关联，一名学生要上多门课程，课程是个抽象的东西，并不拥有学生（见图 1-19）。

图 1-19　关联关系

（3）依赖关系

依赖关系表示元素 A 的变化会影响到元素 B，或一个类的实现需要另一个类的协助。例如，人打电话要用到手机，过河需要借用一条船，此时人与手机、人与船之间的关系就是依赖关系。在代码层面上通常表现为一个类使用另一类的对象作为参数。

依赖关系用带箭头的虚线表示，箭头指向被依赖者。依赖关系通常被用在设计处理的早期，即当两个元素之间有某种关系，但还不知道它们之间的具体关系时，到设计的后期，依赖会被更具体的关系（如关联关系、泛化关系、实现）来代替。

图 1-20 描述了人与船之间的依赖关系。

（4）实现

实现是类与接口之间最常见的关系，表示类实现接口的功能。UML 中的实现用一条带空心箭头的虚线由类指向接口，如图 1-21 所示。

图 1-20　人与船之间的依赖关系

3. 确定属性

属性是事物的性质，因此是类中需要定义的数据元素。在确定属性时，要注意以下几点：

1）先确定重要的属性，然后加上其他属性。

2）可以先通过分析问题描述中与对象有关的那些形容词以及没有被确定为对象的那些名词来获取部分属性。例如，红色的车，则从中可以得知应该将"颜色"作为车的一个属性。

3）如果问题描述中未将所有属性列出，则需要借助于应用领域的知识和常识来确定对象的属性。例如，学生成绩管理系统中，在问题描述中一般不会出现"姓名""性别"等有关学生的属性信息，此时应根据问题处理的需要加以补充。

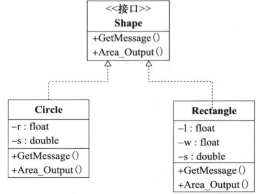

图 1-21　实现

4）只考虑与问题域有关的属性，而忽略无关的属性。例如，学籍管理系统中，学生的"肤色"这一属性并不重要，可以不取。

5）属性应该具有完整独立的概念。例如，人员信息中"生日"由"年""月""日"组成，定义"生日"这一属性比将其分开定义成"年""月""日"更容易让人理解。

4. 确定方法

方法是对象的行为。在确定方法时，可以参照以下原则：

1）确定方法时，一般先分析问题描述中的动词和动词词组。

2）对于名称相同的动词和动词词组，如果其主语和宾语都一样，则可以将其确定为同一行为；如果它们的主语或宾语不一样，则它们很可能表示的是不同的行为。

例如，学籍管理系统中，要求计算学生不及格课程的门数和计算学生的平均成绩，这都是"计算"，但它们的宾语不同，一个是计算不及格课程的门数，另一个是计算平均成绩，因此应该将它们确定为不同的行为，作为两个独立的方法实现。

1.4.2　面向对象的实现

面向对象实现就是将面向对象设计过程中得到的模型用代码进行描述，然后将其编译成可执行程序。因此，面向对象实现所涉及的内容包括：面向对象语言的选择、类的实现和应用系统的实现，其中核心工作是类的实现。一般地，所有的语言都可以完成面向对象实现，但使用面向对象语言实现面向对象的设计相对比较容易。

在面向对象的实现中，可以充分利用已有的类，并实现必需的新类，在此基础上实现各个对象之间的互相通信，从而建立所需的软件。

1.4.3　面向对象的典型方法

20 世纪 80 年代之前，基于传统设计语言的结构化分析和结构化设计方法被广泛采用。自 20 世纪 80 年代中期以来，随着面向对象技术的发展，陆续出现了多种面向对象的方法。其中，典型的方法包括：G. Booch 的面向对象开发方法（Booch 1993）、P. Coad 和 E.Yourdon 提出的面向对象分析和面向对象设计（OOA & OOD，即 Coad-Yourdon 方法）、J. Rumbaugh 等人提出的对象建模技术（OMT）、I. Jacobson 的面向对象软件工程（OOSE）等。之后，结合

Booch、OMT 和 OOSE 方法的优点，并从其他的方法和工程实践中吸收了许多经过实际检验的概念和技术，统一了符号体系，发展了统一建模语言（UML）。

下面简单介绍这几种典型的方法。

1. Booch 方法

G.Booch 是面向对象方法最早的倡导者之一。1991 年，他将先前针对 Ada 语言的工作扩展到整个面向对象设计领域，并形成了自己的方法（通常称为 Booch 1993 方法）。

Booch 方法认为面向对象的开发是一种与传统的功能分解方法根本不同的设计方法，面向对象的软件分解更接近人类对客观事务的理解，而功能分解只是通过问题空间的转换来获得。为此，Booch 采用一种"反复综合"的方法，主要包括以下过程：识别对象、识别对象的语义、识别对象之间的关系、实施等，并使用类图、类分类图、类模板和对象图来描述面向对象的设计。Booch 方法比较适合于系统的设计和构造。

2. Coad-Yourdon 方法

Coad-Yourdon 方法是由 P.Coad 和 E.Yourdon 共同提出的面向对象分析和面向对象设计（OOA & OOD）方法。通过多年来大系统开发的经验，结合面向对象的概念，Coad-Yourdon 方法在对象、结构、属性和操作的认定方面提出了一整套原则，实现了从需求角度进一步确定类和类层次结构。虽然 Coad-Yourdon 方法尚未引入类和类层次结构的术语，但事实上该方法已经在分类结构、属性、操作、消息关联等概念中体现了类、类层次结构的特征。

Coad-Yourdon 在 OOA 中采用以下步骤来确定一个多层次（5 个层次）的面向对象模型，即：找出类和对象、识别结构和关系、确定主题、定义属性和定义服务。这 5 个步骤分别对应对象模型的 5 个层次，即：类和对象层、主题层、结构层、属性层和服务层。Coad-Yourdon 在 OOD 中也采用多层次、多组件的方法，其中的层次与 OOA 一致，多组件则包括问题域、交互、任务管理和数据管理。

Coad-Yourdon 方法是最早的面向对象分析和设计方法之一。该方法简单易学，适合于面向对象技术的初学者使用，但由于该方法在处理能力方面的局限，目前已很少使用。

3. OMT 方法

1991 年，J.Rumbaugh 等人提出 OMT。该方法采用面向对象的概念，并引入各种独立于语言的表示符，利用对象模型、动态模型、功能模型，共同完成对整个系统的建模。其中对象模型用于描述系统中对象的静态结构；动态模型用于描述系统状态随时间变化的情况；功能模型用于描述系统中各个数据值的转变。OMT 方法分别利用对象图、状态转换图和数据流图来描述这 3 种模型。

OMT 所定义的概念和符号可用于软件开发的分析、设计和实现的全过程，适用于分析和描述以数据为中心的信息系统。OMT 面向对象的建模和设计促进了对需求的理解，有利于开发出更清晰、更容易维护的软件系统，为大多数应用领域的软件开发提供了一种实用且高效的工具。

4. OOSE 方法

1994 年，I. Jacobson 提出了面向对象的软件工程（OOSE）方法，又称为 Jacobson 方法或 Objectory 方法。OOSE 方法的关键特点就是特别强调"用例"（Use Case）的使用。在 Jacobson 方法中，用例成为分析模型的基础，并可以用交互图（Interaction Diagram）进一步描述后形成设计的模型。用例的概念贯穿于整个开发过程，不仅应用于分析设计阶段，也包括对系统的测试和验证。

OOSE 方法比较适合支持商业工程和需求分析，是目前较为完整的工业方法之一。

5. UML 语言

20 世纪 90 年代中期，由面向对象领域的三位方法学大师 G. Booch、J. Rumbaugh 和 I.Jacobson 等人发起，在 Booch 方法、OMT 方法和 OOSE 方法的基础上，联合推出了统一的建模语言 UML（Unified Modeling Language），该语言已于 1997 年由 OMG 组织（Object Management Group）采纳作为业界标准。

UML 不仅统一了 Booch 方法、OMT 方法、OOSE 方法的表示方法，成为一种定义良好、易于表达、功能强大且普遍适用的图形化建模语言，成为面向对象分析与设计的一种标准表示，而且它易于使用，表达能力强，可以进行可视化建模。UML 不仅支持面向对象的分析与设计，还支持从需求分析开始的软件开发的完整过程，目前已经成为面向对象建模语言的事实标准。

1.5 举例

【例 1-4】 某公司有四类人员：经理、工人、销售员和销售经理。现在需要存储这些人员的姓名、编号、工龄，计算总工资并显示姓名、编号和总工资信息。其中经理的总工资由固定工资和工龄工资组成，工人的总工资由固定工资、工龄工资和工时工资组成，销售员的总工资由工龄工资和月销售额的 5% 组成，销售经理的总工资由固定工资、工龄工资和月销售额的 5% 组成。试按面向对象分析的流程，建立该问题的对象模型。

第一步：确定对象

首先从需求中找出所有的名词或名词词组作为候选的对象，它们是：公司、人员、经理、工人、销售经理、销售员、姓名、编号、工龄、总工资、固定工资、工龄工资、工时工资、月销售额。

对上述候选对象进行筛选：

1）去掉作为属性的候选者：姓名、编号、工龄、总工资、固定工资、工龄工资、工时工资、月销售额都是与公司人员本身有关的属性，应从对象的候选者中去掉。去掉属性后得到的候选对象为：公司、人员、经理、工人、销售经理、销售员。

2）去掉无关的对象：在本问题中，"公司"只是说明人员的来源，不是有意义的对象，程序不需要保存有关公司的信息，所以应将其从候选对象中去掉。最后得到的候选对象为：人员、经理、工人、销售经理、销售员。

第二步：确定属性和方法

根据需求，经理、工人、销售经理、销售员是公司的四类人员，需要存储他们的共同属性：姓名、编号、工龄、总工资。另外，经理还需要通过固定工资和工龄工资计算总工资，工人需要通过固定工资、工龄工资和工时工资计算总工资，销售经理需要通过固定工资、工龄工资和当月销售额计算总工资，销售员需要通过工龄工资和月销售额计算总工资，所以每类人员需要输入信息、计算总工资及输出信息等方法。

在确定属性后，可以画出如图 1-22 所示的四个相应的类。

第三步：确定对象之间的关系

姓名、编号、工龄、总工资是四类人员共有的属性，获得属性值与显示信息是四类人员共有的方法，因此可以将它们抽取出来放在抽象类职员中。从而职员类是经理、工人、销售经理、销售员的父类，经理、工人、销售经理、销售员是职员类的子类，它们继承职员类的属性和方法而无须重复定义它们，这样可以减少信息的冗余。另外，销售经理兼有经理和销售员的属性，因此他们之间也存在一个继承关系，经理和销售员是销售经理的父类，销售经理是经理类的子类，也是销售员类的子类。职员类中的方法"获得属性值"的功能是获得公共属性的值，方法"总工资的计算"在基类中无法实现，因此放在具体的派生类中去实现。因为要求显示的姓名、编号和总工资信息在职员类中都具备，所以只在职员类中保留"显示信息"方法。图 1-23 所示是职员类的类图。

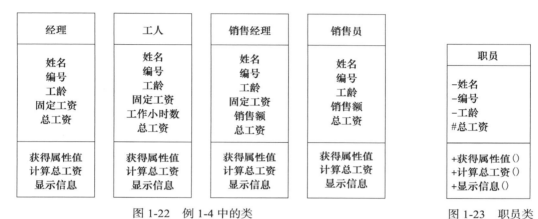

图 1-22　例 1-4 中的类　　　　　　　　图 1-23　职员类

最后得到的类层次关系如图 1-24 所示。

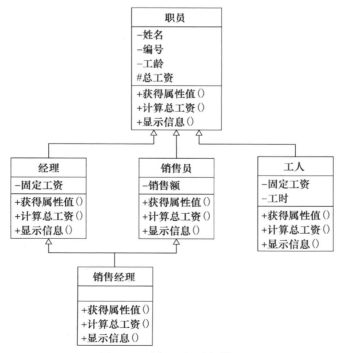

图 1-24　例 1-4 的对象模型

四类人员具有共同的"获得属性值"和"计算总工资"两个方法，但由于不同人员的月薪计算方法是不一样的，要获得的属性值也是不一样的，这就是面向对象的多态性。

1.6　面向对象程序设计方法的优点

面向对象的程序设计以对象为核心，基于对象开发软件系统，软件开发过程自始至终围绕着建立问题域的对象模型来进行，而不是围绕软件功能进行。其优点包括：

1）结构清楚、易于理解。

2）易于实现信息隐藏：面向对象的程序设计将实现和接口分离，即把"如何做"隐藏起来，而把"做什么"通过接口呈现给外部。通过类似于物品使用说明书的接口说明，外部对象可以简单地调用接口实现所需功能。

3）可重用性好：继承是面向对象技术的一个重要内容，它使软件的重用成为可能，从而节省了大量的重复开发工作。面向对象软件的重用性和扩展性都远远优于面向过程方法开发的软件，它使我们可以在一个抽象的层次（父类）上思考问题，并且能够根据现实的需求进行调整（子类）。现在开发组件化、易扩充的软件时大都倾向于选择面向对象方法，以能够在大型软件开发中显著减少代码量并降低开发难度。

4）易于维护：软件中总会存在着一些错误，在某些不能预期的运行条件下，这些错误就会导致软件出现故障。另外，软件也会因需求的变化而需要增加、修改或删除某些功能。软件错误修复和需求变更就引起了软件修改升级（维护）的需求。正是由于面向对象方法的封装和重用等机制，使得面向对象的程序易于理解和排错，从而大大减轻了软件维护的压力，特别是在大型软件的开发中，这一优势更为明显。

1.7　C++ 语言的发展

C++ 是面向对象的编程语言，同时它也是面向过程的编程语言。这是因为 C++ 语言是从 C 语言演化而来的，一方面它既要全面兼容 C 语言，另一方面它又要支持面向对象的程序设计方法，因此 C++ 语言的产生不但考虑了面向对象的特性，而且也更多地考虑了对 C 语言的向后兼容，从而使得 C++ 这门杂合语言表现出"过程"和"对象"编程的双重性特点。通常我们既可以继续用 C++ 来编写传统的 C 程序，也可以使用 C++ 的类库或者自己编写的类进行面向对象的程序设计。虽然如此，C++ 语言最有意义的方面却是支持面向对象的特性。因此在学习 C++ 时一定要注意按照面向对象的思维方式编写程序。

C# 是在 C++ 的基础上再一次改进后的编程语言，它的设计目标是开发快速稳定可扩展的应用程序。C# 与 C++ 比较，最重要的特性就是 C# 是一种完全面向对象的语言，侧重于网络和数据库编程，对于一些和底层系统相关的程序（譬如驱动程序），用 C++ 来写更好。

另外一点要提醒注意的是，学习面向对象思想最关键的并不是使用什么样的面向对象语言（或环境），关键的是要培养运用面向对象方法思维的能力，或者说对现实世界的理解、抽象、映射的能力。这种能力往往决定了开发人员的水平高低，而语言和环境只是一种重要的实现手段和工具而已。

1.8　Visual C++ 开发与调试环境

Visual C++ 是微软推出的 C++ 集成开发平台，可用于开发、编译、创建和调试应用程序。Visual C++ 基于工程来组织用户开发的程序，并提供了不同的工作区窗口来显示工程的相关信息，其中类视图（ClassView）用于显示工程中的类，文件视图（FileView）用于显示工程中的文件（如头文件 .h、源代码文件 .cpp），资源视图（ResourceView）用于显示工程中的资源（如对话框、编辑框、按钮等）。本节介绍 Visual C++ 的开发和调试环境。

1.8.1 Visual C++ 控制台开发环境

下面通过一个简单的工程（Test1）介绍 VC++ 控制台开发环境及 Visual C++ 中数据的输入和输出，步骤如下。

1）新建一个 Win32 Console Application 的工程（非汉化版为 Project）。

打开 VC++：[文件] 菜单 ->[新建] 菜单项，如图 1-25 所示。

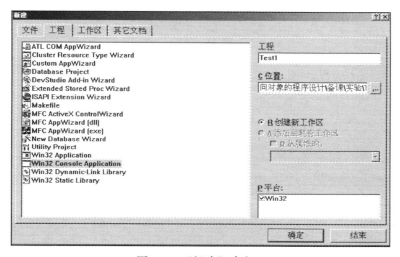

图 1-25 "新建"建窗口

在工程处输入该工程的名称，如 Test1，并设置该工程所保存的路径。单击"确定"按钮，出现图 1-26 所示的窗口。

选择" An empty project"，单击"完成"按钮，出现图 1-27 所示的窗口，单击"确定"按钮。

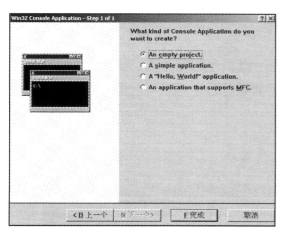

图 1-26 新建 Win32 Console Application 工程

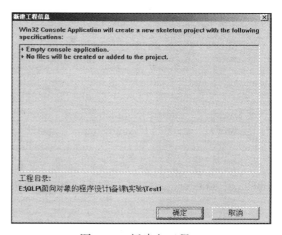

图 1-27 新建空工程

2）建立程序源文件 [文件]->[新建]-> 选择 C++ Source File，如图 1-28 所示。

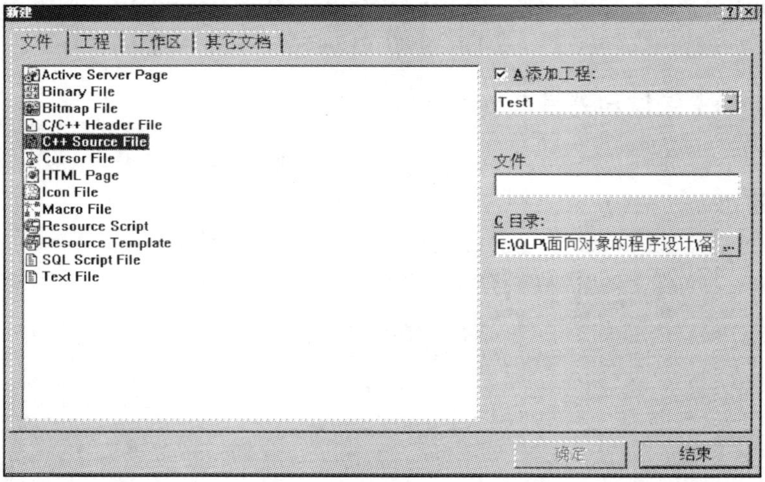

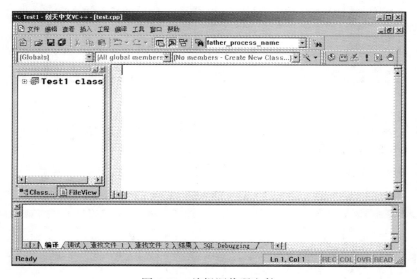

图 1-28　新建 C++ 源文件

　　在文件处输入要产生的 CPP 文件名（如 test），单击"确定"按钮，则进入图 1-29 所示的源代码编辑窗口，在空白处输入代码。

图 1-29　编辑源代码文件

所输入的源代码如下：

```cpp
// test1.cpp 源代码
#include <iostream>                    // iostream.h 库中包含了 cin 和 cout
using namespace std;
int main(){
    int a, b, c;
    cout<<"Input a, b, c:";
    cin>>a>>b>>c;
    cout<<"Output a, b, c:"<<a<<b<<c<<endl;
```

```
    return 0;
}
```

其中：

① "// test1.cpp 源代码" 为注释语句。

② cout 实现输出，endl 表示输出结束。

③ cin 实现输入，提取数据时以空白符为分隔（键盘输入时，多个数据间用空格分开）。

3）编译及调试。选择［编译］菜单或工具条，并从中选择"编译"选项，执行编译过程，如图 1-30 所示。

图 1-30　编译程序

如果编译成功，则生成 Debug 文件夹，其中包含可执行文件及编译和连接过程中生成的中间代码。

4）执行。选择［编译］菜单或工具条，并从中选择"执行"选项，执行程序，如图 1-31 所示。

5）关闭工程。退出前保存工程，如图 1-32 所示，然后重新开始下一个工程。退出时，选择［文件］→［关闭工作区］。

图 1-31　执行程序

图 1-32　保存工程

6）如果要打开已经存在的工程，则选择 [文件]->[打开工作区]（打开 dsw 文件），如图 1-33 所示。

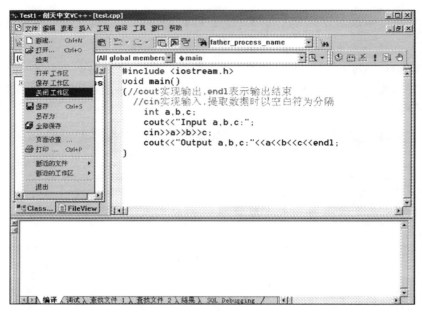

图 1-33　打开已有的工程

1.8.2　Visual C++ 基本的错误调试方法

下面通过调试一个错误的程序（Test2），熟悉 Visual C++ 基本的错误调试方法。要求通过编译信息和 Debug 调试功能（单步执行、设置断点）改正 Test2 中的错误，并单步调试观察 Test2 程序运行过程中变量值的变化情况。

```
// Test2.cpp: 求 1+2+3+…+n ≤ 50 的最大 n 值
int main(){
    int sum=0;
    while(sum<=50);
    {
        ++i;
        sum+=i;
    }
    cout<<"n="<<i<<endl;
    return 0;
}
```

调试的基本过程如下：

1）设置断点：单击要设置断点的行，按 F9 键或右击，弹出快捷菜单，从快捷菜单中选择 Insert|Remove Breakpoint 选项，所在行左边的红点即为断点。

2）按 go(F5)，系统进入 Debug 状态，[编译] 菜单变为 [Debug] 菜单。

3）从 [Debug] 菜单中单击 [Step Over] 或按 F10 键进行单步调试，观察每次单步调试后 Watch 窗口中变量值的变化。

调试过程的窗口如图 1-34 所示。

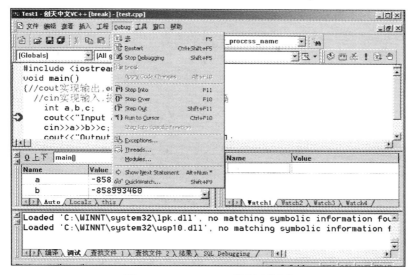

图 1-34 Visual C++ 的程序调试

1.8.3 Visual C++ 的模块调试方法

通过下面的程序，介绍 Visual C++ 程序调试功能中"运行到光标处"（Run to Corsor）和"追踪到函数内部"（Step Into）的使用。

```cpp
#include <iostream >
using namespace std;
int fibour(int x,int y);
int main(){
    int n,fb,x1,x2,temp;
    cout<<"Please Enter the n:";
    cin>>n;
    x1=0;
    x2=1;
    for(int i=0;i<n;i++){
        fb=fibour(x1,x2);
        temp=x2;
        x2=x1+x2;
        x1=temp;
    cout<<fb<<"      ";
    }
    return 0;
}
int fibour(int x,int y){
    int temp=x+y;
    return temp;
}
```

整个调试过程如下：

1）在主函数中 fb=fibour(x1, x2) 语句处设置断点。

2）单击 go（F5），程序运行到断点处，从 Watch 窗口中观察 fb 的值（输入 n 值为 10）。

3）从 [Debug] 菜单选择 Step Into(F11)，程序执行到 fibour 函数内部。

4）单击 Step Over（按 F10 键）进行单步调试。

5）在 Watch 窗口中可将光标停在变量上观察变量值的变化，记录下前 5 个 x1、x2 和 fb 的值。

6）在"return o ;"语句前单击鼠标，将光标移到这一行，单击"Run to Corsor"以退出循环。

1.9　Dev C++ 开发环境

Dev-C++ 是一个 Windows 环境下 C/C++ 的集成开发环境（IDE），它是一款自由软件，也是 NOI、NOIP 等比赛的指定工具，开发环境包括多页面窗口、工程编辑器以及调试器等，在工程编辑器中集合了编辑器、编译器、连接程序和执行程序，提供高亮度语法显示，以减少编辑错误。

习题

1. 理解面向过程的程序设计和面向对象的程序设计方法的不同点。

2. 理解面向对象的程序设计方法更接近人的思维习惯的说法。

3. 理解类、对象、实例的不同。

4. 面向对象的基本特性有哪些？在面向对象中如何实现信息隐藏和信息共享？

5. 掌握基本的面向对象分析与设计步骤和方法，能画出简单的对象模型。

6. 以时钟为例，说明在面向对象的程序设计中如何实现封装。

7. 画出类与类间的关系图：汽车、火车、轮船、飞机、小轿车、大卡车与交通工具之间的关系。

8. 假设高校中的人员有学生、普通教师、教授 3 类人员，学生有不同的专业方向，普通教师分布在不同的系，教授是特殊的教员，不同的教授分不同级别，如果普通教员在职学习，则他兼有教师和学生身份。分析要求：建立清晰的类层次，对于描述中提及的属性不可缺少，自己根据需要应适当添加属性。

实验：面向过程程序设计与面向对象程序设计

实验目的

1. 熟悉 VC++ 控制台编程和调试环境。

2. 加强面向对象分析问题的能力，理解类图的涵义，掌握类图的绘制方法。

实验任务

1. 熟悉 VC++ 控制台编程和调试环境。

2. 用面向对象的程序设计方法分析下列问题，说明其中涉及的类和对象，以及对象的操作，画出类图。

1）一家公司有许多部门，每个部门由一名经理管理，每个部门生产多种产品，每种产品仅由一个部门生产。公司有许多员工为之工作，员工分为工人和经理，每名工人可参加多个项目，每个项目需要多个工人参与，每位经理可主持多个项目，每个项目由一位经理主持。

2）学校有多个系，每个系有多个老师，一个老师可以讲多门课，一门课也可以由多个老师来讲，一个学生只能在一个学校上课，一个学校至少有一名学生，每个学生可以选多门课。

第2章 C++语言基础一

    C++ 语言保留了 C 语言原有的优点，对 C 语言几乎完全兼容。本章列出在 C++ 编译环境下兼容的 C 语言的语法知识点，便于学生复习和查阅 C 语言的基础知识。

    在 Windows/DOS 环境中，C++ 源代码文件的扩展名为 .cpp，头文件的扩展名为 .h。

2.1 标识符和关键字

    标识符是编程者自定义的名称，包括变量名、常量名和函数名等。标识符的命名规则是：

    1）以字母或下划线开头，后接字母、数字或下划线组成的串。如 student、_a10 等，注意 C++ 中标识符区分大小写，即 student 和 Student 表示两个不同的标识符。

    2）给标识符取名时还要注意不要与 C++ 中预留的关键字同名，因为每个关键字在 C++ 中都有特定的含义，不能被改变。下列给出 C++ 中预留的关键字，含原 C 语言中定义的关键字：

asm	auto	bool	break	case	catch
char	class	const	const_cast	continue	default
delete	do	double	dynamic_cast	else	enum
explicit	export	extern	false	float	for
friend	goto	if	inline	int	long
mutable	namespace	new	operator	private	protected
public	register	reinterpret_cast	return	short	signed
sizeof	static	static_cast	struct	switch	template this
throw	true	try	typedef	typeid	typename
union	unsigned	using	virtual	void	volatile
wchar_t	while				

2.2 数据类型、变量及常量

    C 语言中，数据类型可分为：基本数据类型（含空值类型）、构造数据类型、指针类型三大类。这些类型在 C++ 中同样使用。

2.2.1 基本数据类型

    基本数据类型是程序设计语言中预定义的数据类型。基本数据类型最主要的特点是，其值不可以再分解为其他类型。C 语言中定义的常用基本数据类型有：

- 整　型：int、short、long。
- 字符型：char。
- 浮点型：float、double。
- 空值型：void。
- 布尔类型：bool（注：有的编译系统有）。

在整型和字符型前还可以加上 signed 或 unsigned 类型修饰符，分别表示有符号类型和无符号类型，如 unsigned int 表示无符号整型，signed long 表示有符号长整型。各种无符号类型量所占的内存空间字节数与相应的有符号类型量相同。但由于省去了符号位，故不能表示负数。

特别需要提醒的是空值型 void。void 是一种抽象，它的字面意思是"无类型"，void * 则为"无类型指针"，可以指向任何类型的数据。void 的使用注意事项在变量和函数章节中说明。

2.2.2 变量

变量的值允许在程序运行过程中被改变。当需要使用某种类型的变量时，首先需要定义它，定义变量的一般形式为：

类型说明符 变量名标识符，变量名标识符，...;

例如：

```
int a, b, c;                      /* 定义 a、b、c 为整型变量 */
long x, y;                        /* 定义 x、y 为长整型变量 */
float l;                          /* 定义 l 为浮点型变量 */
unsigned int p, q;                /* 定义 p、q 为无符号整型变量 */
```

在定义变量时，应注意以下几点：

1）可以在一个类型说明符后，说明多个相同类型的变量，各变量名之间用逗号隔开，类型说明符与变量名之间至少用一个空格间隔。

2）每个定义语句的最后一个变量名之后必须以";"号结尾。

3）变量在使用之前必须先定义其数据类型，未经定义的变量不能使用。变量定义必须放在变量使用之前，在 C 语言中一般放在函数体的开头部分。

4）变量命名规则。首先，要符合标识符的命名规则；其次，变量名要使用有意义的名称，通过变量名能大概反映出其具体的用途；再次，在对变量命名时，可以参照业界通用的命名规则。目前比较著名的命名规则有：

- "匈牙利"命名法，该规则的主要思想是"在变量和函数名中加入前缀，以利于人们对程序的理解"，例如，所有的字符变量均以 ch 为前缀，指针变量以 p 为前缀，其余部分用变量的英文意思或其英文意思的缩写，即：变量名＝变量类型＋变量英文意思（或缩写）。

例如：

```
int iCounter, iSum;               /* 前缀 i 表示 int 类型 */
char *pch1;                       /* 定义一个字符型的指针 */
```

- 驼峰命名法。它是指混合使用大小写字母构成变量名和函数名，首字母为小写，如 userName。
- 帕斯卡命名法。每个词的首字母大写，如 UserName。

5）不能用 void 定义变量。

如使用"void a;"，则编译器会返回编译错误。

关于空值型用于函数中的注意事项见函数一节。

2.2.3 常量

1）用宏定义指令 #define 来定义一个常量。例如：

```
#define pi 3.14
```

将常量 pi 的值定义为 3.14。

再如，如果需要将程序中用于存放人名的缓冲区（字符串）的长度限制为 20，将中间文件的名字限制为"temp.1"，则下面的 #define 语句可以使程序更易于理解。

```
#define MAXNAMELEN        20
#define TEMPFILENAME      "temp.1"
```

之后 MAXNAMELEN 就具有了常数值 20，TEMPFILENAME 就具有了字符串值 "temp.1"，如下面的语句：

```
char stu_name[MAXNAMELEN];
```

定义了一个长度为 20 的字符数组。

2）使用关键字 const 来定义常量。例如：

```
const float pi=3.14;
```

上面的语句也是将 pi 定义为常量，并且规定其为 float 类型，其值为 3.14。

在定义常量时，const 和 #define 有两个主要区别：

1）#define 不能定义常量的数据类型，而 const 定义的常量有数据类型，从而可以更严格地避免因宏定义引起的赋值类型匹配问题。

2）#define 可以看成一个程序预处理语句，只能在程序的开头位置用于定义全局的常量；而 const 可以在程序中的任意位置定义常量，所定义的常量的作用域也随定义位置而变化。

另外，const 既可以放在常量的类型修饰符前，也可以放在类型修饰符后，例如：

```
float const pi=3.14;
```

当 const 用于指针变量时要注意其位置，如下面两个语句，const 修饰的对象是不同的：

```
const int *ptr;
int *const ptr;
```

在第一个语句中，const 修饰的是数据，ptr 指向的地址可以更改，而指针指向的数据（即 *ptr）是常量。而在第二个语句中，const 修饰的是指针，即 ptr 指向的地址不可以更改，而指针指向的数据 *ptr 是可变的。程序设计初学者应尽量避免这种复杂的用法，而要使用更直观、更易于理解的代码。

2.2.4　构造类型

构造类型根据已定义的一个或多个数据类型，用构造的方法来定义。也就是说，一个构造类型的值可以分解成若干个"成员"或"元素"。每个"成员"都是一个基本数据类型，或者又是一个构造类型。在 C 语言中，构造类型有以下几种：枚举类型、数组类型和结构体类型。这些构造类型同样用于 C++ 中。

1. 枚举类型

枚举类型是程序员定义的类型。在实际问题中，有些变量的取值被限定在一个有限的范围内。例如，一个星期内只有七天、一年只有十二个月等。如果把它们定义为整型、字符型或其他类型显然是不妥当的。为此，C 语言提供了一种称为"枚举"的类型。在"枚举"类型的定义中列举出所有可能的取值，且被说明为该"枚举"类型的变量，取值不能超过定义的范围。例如：

```
enum person{ man, woman }
```

定义了一个枚举类型 person，它有两个值 man 和 woman，其中 man 自动对应数值 0，woman 对应数值 1，也可以给它们指定不同的值，例如：

```
enum person{man=-1, woman=2}
```

在定义了枚举类型 person 后，可以用 person 数据类型定义枚举型变量 person1：

```
person person1;
```

严格地说，枚举类型是一种基本数据类型，而不是一种构造类型，因为它不能再分解为任何基本类型。

什么时候该使用枚举类型？根据枚举类型的定义及"枚举"一词的含义，即如果变量所有可能的取值可以被枚举出来，则应该利用枚举类型。特别是如果可枚举的取值在 5 个以上，则使用枚举类型不仅能够使得程序设计非常容易，其取值与数值自动对应的特点也使得程序更易于理解。

例如，假设现在要开发一个从 Microsoft RTF（Rich Text Format）文件中抽取出文本内容的程序（RTF 文件的详细格式可参见微软关于 RTF 文件的格式说明书），每个 RTF 文件都是一个文本文件，开头处是 "{\rtf"（它是 RTF 文件的标志，用于判断一个文件是否为 RTF 格式），然后是文件头和正文，其中文件头又包括字体表、文件表、颜色表等，正文中的字体、表格的风格就是根据文件头的信息来格式化的。每个表用一对大括号括起来，当中包含了很多用字符 "\" 开始的命令（控制词）。根据需求，要从 RTF 文件中抽取出文本，不必处理所有的控制词，只需处理一部分则可，因此可以将要处理的这些控制词枚举出来（其中 t_start 和 t_end 是为了便于处理加入的，不是控制词）。

```
enum TokenIndex{
    t_start=0,
    t_fonttbl=1,      t_colortbl=2,     t_stylesheet=3,    t_info=4,
    t_s=5,            t_b=6,            t_ul=7,            t_ulw=8,
    t_uld=9,          t_uldb=10,        t_i=11,            t_v=12,
    t_plain=13,       t_par=14,         t_pict=15,         t_tab=16,
    t_bullet=17,      t_cell=18,        t_row=19,          t_line=20,
    t_endash=21,      t_emdash=22,
    t_end=23
} ;
```

2. 数组

数组定义了一组相同类型的数据，其中的每个数据称为数组元素。数组的定义格式如下：

类型说明符 数组名 [常量表达式]，……；

在上面的定义语句中，数组的类型实际上是指数组元素的取值类型。对同一个数组，它的所有数组元素的数据类型都是相同的。数组名的取名规则应遵循 C 语言中变量名的取名规则。另外，方括号中的常量表达式必须是常量，不能为变量，否则在编译时会出现错误。例如：

```
int a[10];
```

上面的语句定义了一个名字为 a 的整型数组，包含有 10 个整型的数组元素：a[0], a[1], …, a[9]，每个数组元素可以等同于一个整型变量，例如：

```
a[0] = 0;
a[1] = 1;
```

在定义数组时，如果未指定下标的起始值，则数组元素的下标默认从 0 开始。数组名其实就是数组在内存中的起始地址，也是数组首个元素在内存中的起始地址。

在定义数组的同时，可以对数组赋以初值，例如：

```
char name[10]= "zhangsan";          // 定义名字为 name 的一个字符数组，自动以 '\0' 结束
int b[10] = {0, 1, 2, 3, 4, 5, 6, 7, 8, 9};// 第 i 个元素赋值为 i
int a[2][3]={{1,2,3},{4,5,6}};      // 二维整数数组，按行赋以初值
```

在 C++ 中，允许用变量对数组进行初始化，例如：

```
int main()
{
    int a, b;
    cin>>a>>b;
    int s[]={a, b};
...
return 0;
}
```

在 VC++ 环境下，支持数组的下列初始化方式：

```
int s[10]={1};
```

此语句的执行结果是：s[0] 等于 1，其他数组元素的值都为 0，所以，

```
int s[10]={0};
```

将数组 s 的所有元素初值赋 0。

由于数组保存的是相同类型的数据，因此对数组及其元素的操作通常会与循环结合在一起。例如，对于一个整型数组，在其中查找某个元素、对整个数组进行排序或在有序数组中插入/删除某个元素等，一般都会在循环语句中进行。下面的程序段是在整型数组 ia 中查找某个特定的元素 ix：

```
/* tt.cpp */
#include <stdio.h>
int main()
{
    int ix;
    int ia[5];
    for (int ii = 0; ii < 5; ii++){
        printf("enter ia[%d]:",ii);
        scanf("%d",&ia[ii]);
    }
    printf("enter the value to be found:");
    scanf("%d",&ix);
    int ii=0;
    int found=-1;
    while ( (ii<5) && (found==-1)){
```

```
    if (ia[ii]==ix)
    found=ii+1;
     ii++;
    }
    if (found==-1)
       printf("Not found!\n");
    else
       printf("Found at location%d ",found);
    return 0;
}
```

在使用数组时，特别是在使用字符串数组时，一定要注意避免超过数组边界引用数组元素，以免造成内存访问越界或缓冲区溢出，从而导致程序运行崩溃。在网络安全中，有一类"缓冲区溢出攻击"，即是利用内存越界访问而获得非法授权的权限。

3. 结构体

结构体是将不同数据类型的数据放在一起而产生的新数据类型。例如：

```
struct student{
    char name[10];
    int age;
    float score;
};
```

定义了一个结构体 student，该结构体有三个分量 name, age 和 score，分别用来存储姓名、年龄和分数。

C++ 中，定义了结构类型 student 后，就可以直接用它来定义结构变量，如下面的语句定义了两个 student 结构类型的变量 student1 和 student2。

```
student student1, student2;
```

在使用结构体变量时，可以通过"."来引用它的每个分量，各分量的处理方式遵循该分量数据类型的规定。例如：

```
strcpy(student1.name, "zhangsan");      // 利用串拷贝函数给 student1 的 name 赋值。
student1.age=16;
student1.score=90;
```

结构体变量也可以用同类型的结构体变量直接赋值，例如：

```
student2=student1;                      // 将 student1 的值对应赋给 student2 的各分项。
```

例如，有一个程序需要根据码表映射文件进行两种编码之间的转换，如 Unicode 编码和 GBK 编码之间的转换，设码表映射文件的每一行如下所示，";"做解释使用，表示前面的编码对应的字符：

```
<编码 1>   <编码 2>   ;字符
```

例如：

```
<0x5b8b>     <0xcbce>        ;宋
```

在编码转换时，可以构造一个结构型数组，数组的每一个元素对应于一个汉字的两种编码。该结构型数组如下：

```
struct codeMap {
    unsighed short Unicode1;
    unsigned short GBKcode1;
}codeMapsList[65535];                              // 文字编码到 Unicode 码的映射表
```

设 char *inBuf 中已保存着从文件读出的一行编码映射，且当前正处理到 numOfCodePairs 这一对，处理过程如下：

```
char *pp1 = inBuf;
pp1++;                                             // 跳过 '<' 符号
sscanf(pp1, "%4x", &(codeMapsList[numOfCodePairs].Unicode1));
while (*pp1 != '<')
    pp1++;                                         // 跳到下一个编码开始处的 '<' 字符
pp1++;                                             // 跳过 '<' 字符并指向下一编码的开始
sscanf(pp1, "%4x", &(codeMapsList[numOfCodePairs].GBKcode1));
numOfCodePairs++;
```

2.2.5　指针类型

指针是一种特殊的，同时又是具有重要作用的数据类型。在 C 和 C++ 语言中，指针存贮的是内存单元（即变量）的地址。根据指针所指的变量类型不同，可以是整型指针（int *）、浮点型指针（float *）、字符型指针（char *）或结构体指针（struct *）等。例如：

```
int a=10;
int *p;                 // p 是一个指针
p=&a;                   // p 存放整型变量 a 的地址，即 p 指向 a，*p 表示 a 的值，*p=10
int a[5]={1,2,3,4,5};
int *p=a;               // 数组名引用该数组的首地址，因此指针变量 p 指向数组 a 的首地址。
```

指针是一个特殊的变量，它里面存储的数值被解释成为内存里的一个地址。一个指针变量会涉及 4 方面的内容，包括指针的类型，指针所指向的类型，指针的值（指针所指向的内存区）及指针本身所占据的内存区。其中指针的类型是指针变量的定义语句中所指定的类型，如定义语句：

```
int *p;
```

此时指针的类型为 int *。

指针所指向的类型是指在通过指针访问其指向的内存区时，指针所指向的类型决定了编译器将把该内存区所存储的内容当做什么来看待，它与指针本身的类型是不同的概念，如对于上面的定义语句，此时指针所指向的类型为 int。即使在程序后面的语句中，p 指向一个字符串缓冲区，亦可以通过强制类型转换，使 p 以整型单元来访问该字符串缓冲区。指针的值是指针本身所存储的数值，它不是一个普通的数值，而是被编译器当作一个地址看待。指针本身所占据的内存在 32 位机上为 4 字节。

指针及指针所指向的值均可以进行算术运算。例如：

```
int a[5]={1, 2, 3, 4, 5};
int *p=a;                          /* p 指向数组的 a[0] 元素的地址; */
p = p + 2;                         /* p 指向数组的 a[2] 元素的地址; */
*p = *p + 5;                       /* a[2] 元素的内容加上 5 后变为 8; */
```

设有一个文本型的文件，它是各用户上网情况的记录，包括用户名、某次上网的起始时间（从当天 0 时开始计的秒值）和结束时间（从当天 0 时开始计的秒值），如下形式：

```
QianLiping 5000    5380
WangXiao   8015    8560
……
```

则上网的记账程序在每月底需要从该文本文件中逐行读出每个记录，取出其中的用户名和起止时间，计算出上网时长，并进行累计。对该文本文件的处理则可以利用字符型指针，例如：

```
char *read_rec="QianLiping        5000    5380"
char *name, *p1, *p2;
int begin, end, aDuration;
name=read_rec;
p1=name;
while (p1 && (p1 != ' ' || p1 != '\t'))
    p1++;                        /* 该循环跳过用户名域，到达之后的空格或 Tab 字符 */
while (p1==' ' || p1=='\t')
    p1++;                        /* 该循环跳过用户名和起始时间之间的多个空格或 Tab 字符 */
/* p1 此时指向了起始时间域 */
begin = atoi(p1);                /* 将起始时间从字符串转换成整型以利于后续计算 */

……
```

关于结束时间亦可以以类似的方式得到。

2.2.6 内存的动态分配与回收

C++ 将内存划分为三个逻辑区域：堆、栈和静态存储区。其中栈一般用来存放局部变量或对象；堆又叫自由存储区，它是在程序执行的过程中动态分配的，所以它最大的特性就是动态性；静态存储区用于为所有的静态对象和全局对象分配存储区。

与 C 语言一样，C++ 语言中的内存分配有两种方式：静态内存分配和动态内存分配。

静态内存分配是由编译器完成的，包括两个方面：在栈中为局部变量分配内存和在静态存储区中为静态对象和全局对象分配内存。编译器通过对象的定义语句了解它们所需存储空间的大小，并预先为其分配适当的内存空间。这些空间一经分配，在变量或数组的生存期内是固定不变的，一旦程序块结束，则这些内存将自动释放。例如：

```
int a;
```

则编译器会在栈中为变量 a 分配所需的存储空间，存储空间的大小为 sizeof(int) 字节，在 32 位机上，这个值为 4 字节。

对于下面的函数：

```
int function(int b);
```

编译器会自动为形参 b 和函数返回结果生成临时对象并存储在栈中，但它们会在函数执行完毕返回时从栈中弹出对象而销毁。

静态内存分配在处理某些问题时可能会带来两方面的问题，即有时如果空间定义得太大则会浪费大量的内存空间，或有时因空间定义得较小而导致不够使用。动态内存分配不像静态内存分配方法那样需要预先分配存储空间，而是由系统根据程序的需要即时分配，且分配的大小亦由程序动态指定，动态内存由程序设计者管理，它们不会自动释放。获得动态内存分配的唯一方法是通过指针来实现。

在 C 语言中，使用 malloc() 和 free() 函数来实现动态内存的分配和回收。应当注意的是：使用 malloc() 和 free() 必须包含头文件 stdlib.h 和 malloc.h。

如下列程序段实现动态内存的分配和回收。

```
int *p;
p=( int* ) malloc( sizeof( int ) );        //分配一个整型的存储单元，地址放在 p 中
p=( int* ) malloc( sizeof( int )*20 );     //分配二十个整型的存储单元，首地址放在 p 中
free( p );                                  //释放由 p 指向的存储单元
```

2.3　函数

函数是一个具有独立功能的程序模块。与面向过程的程序设计语言一样，C++ 语言仍然是利用函数来实现独立的子功能。函数头的完整定义称为函数原型，函数原型由三部分组成，包括：函数的返回值类型、函数名和参数表，其一般形式如下：

```
函数返回值类型  函数名 ( 形参 1, 形参 2, …, 形参 n) {
   < 函数体 >
}
```

函数一经定义便可以反复调用，函数调用的形式为：

```
函数名 ( 实参 1, 实参 2, …, 实参 n)
```

对于不同的形参，可以采用不同的实参进行调用，从而使函数执行产生不同的结果。函数调用时一定要注意实参与对应形参的类型一致。

下面给出 void 类型在函数中的使用。

1）void 用于限定函数的返回值或函数参数的类型。在编写 C++ 程序时，如果函数没有返回值，则声明为 void 类型，否则在编译时就会出现警告性错误。另外，如果一个函数没有参数，则声明其参数为 void，例如：

```
int f(void);              //在 C++ 中，等价于"int f();"表示不接受任何传递的参数
```

需要注意的是，C 语言中不加返回值类型的函数，当整型数据处理；C++ 语言有严格的类型安全检查，不允许函数不加类型声明，但编译器却不一定能做到。如对于下列代码段，VC++6.0 编译无错，运行正确，但 Dev C++ 中编译通不过，显示出错信息 "ISO C++ forbids declaration of 'add' with no type"。

```
add(int a,int b){
return a+b;
}
```

2）如果函数的参数可以是任意类型的指针，则可以将该参数声明为 void *，表示可以指向任意类型的数据。如典型的字符串拷贝函数，其原型为：

```
void *memcpy(void *dest, const void *src, size_t len);
```

即拷贝的源和目的都可以是任意类型的指针，可以在调用该函数时使用强制类型转换来指定本次要拷贝的内存串的类型。例如：

```
char *a="This is a test string.";
char b[20];
```

现要将字符串 a 拷贝至缓冲区 b，则可以如下调用 memcpy 函数：

```
memcpy((char *)b, (char *)a, strlen(a));
```

2.4 基本语句

在 C++ 中，总共有 6 类基本语句：声明语句（定义语句）、注释语句、预编译语句、表达式语句和指令语句（又称为控制语句，包括跳转语句、判断语句、循环语句、异常处理语句等）。声明语句、预编译语句和注释语句都不会转换成机器代码，定义语句也不一定会生成机器代码，只有表达式语句和指令语句一定会生成代码（不考虑编译器的优化功能）。

复合语句是用一对花括号"{ }"括起来，以在需要的地方同时放入多条基本语句的语句，有时又称其为语句块。

空语句是表达式语句的一种，它有两种形式：①仅由单个的分号";"构成的空语句；②由一对内空的花括号"{ }"构成的空语句。空语句一般无实际意义，有时在程序中可用来控制循环或作为空循环体以达到无限循环，例如：

```
for (i=1; ; )
{
}
```

2.4.1 声明语句与定义语句

一般来说，定义变量（对象）和声明变量（对象）是两个不同的概念，其中声明只规定变量的"类型"，定义则规定了变量的"实体"。一个变量，可以声明无穷多次，但却只能定义一次（有且仅有一个定义）。至于内存变化，它们的区别之处在于：变量的定义会产生内存分配的操作，是汇编阶段的概念；而变量的声明则只是告诉包含该声明的模块在连接阶段从其他模块寻找外部函数和变量。

声明时如果赋初值，则为定义；定义实际上也是声明，因为定义的同时已声明了它的类型和名字。本教材不刻意区分声明和定义。但对于 extern 还是要着重说明。在 C++ 中可以通过使用 extern 关键字声明变量或对象而不定义它。

extern 的使用是为了让多个文件能够访问相同的变量，它的作用就是告诉编译器变量已在其他地方定义了。下面以一个具体的例子来说明。

假设在某个头文件 var.h 中定义了一个变量 x，在三个模块的实现文件 a.cpp、b.cpp 和 c.cpp 中都需要包含头文件 var.h，如下：

```
/* 头文件 var.h */
int x = 1;
/* 模块 a 的实现文件 a.cpp 中包含头文件 var.h */
#include "var.h"
/* 模块 b 的实现文件 b.cpp 中包含头文件 var.h */
#include "var.h"
/* 模块 c 的实现文件 c.cpp 中包含头文件 var.h */
#include "var.h"
```

则上面的程序在编译链接时会出现变量 x 重复定义的错误，因为上面的实现文件 a.cpp、

b.cpp 和 c.cpp 都通过包含头文件 var.h 而定义了整型变量 x。如果需要在三个模块中都使用变量 x,则可以如下实现:

```
/* 头文件 var.h */
extern int x;
/* 模块 a 的实现文件 a.cpp 中包含头文件 var.h */
#include "var.h"
int x = 1;
/* 模块 b 的实现文件 b.cpp 中包含头文件 var.h */
#include "var.h"
/* 模块 c 的实现文件 c.cpp 中包含头文件 var.h */
#include "var.h"
```

即在头文件 var.h 中,通过 " extern int x;" 声明(这种情况是声明而不是定义)了整型变量 x,而在模块 a 的实现文件 a.cpp 中定义了整型变量 x,模块 b 和模块 c 则通过包含头文件 var.h,可以使用模块 a 中定义的变量 x。

函数的声明和定义区别在于是否有函数体。例如:

```
extern int min(int a,int b);        // 声明
extern int min(int a ,int b){       // 定义
  return a<b?a :b;
}
```

2.4.2　注释语句

在 C++ 中,有两种注释的方法。其中:

/*…*/: 用于注释一行或多行内容;

//　　: 用于将一行内其后内容进行注释。

例如:

```
int main(){
   /* 注释 1: this is a test
      for QLP
   */
   ......
   //注释 2: this is a test for QLP
   ......
   return 0;
}
```

关于注释的使用,除了对函数中的关键语句进行注释外,一般还用在一个程序文件的头部或函数定义的上行,利用注释语句解释该程序或函数的主要功能、函数原型、参数取值及返回值等,从而使得程序具有更好的可阅读性。

2.4.3　类型定义语句 typedef

类型定义语句 typedef 是一种预编译语句,其作用是把原来已定义的数据类型名重新定义成一个新的数据类型名,之后即可以利用新定义的数据类型名去定义变量。typedef 既可用于构造新的数据类型,也可以便于程序设计者使用自己习惯的标识符来标识已有的数据类型。例如:

```
typedef int INTEGER;      // 类型 INTEGER 等价于整型名 int
```

此时，下面两条语句的作用都是定义了一个 int 型的变量 a：

```
int a;
INTEGER a;
```

下面定义了结构体类型 STUDENT

```
typedef struct student{
    char name[10];
    int age;
    float score;
}STUDENT;
```

"STUDENT stu[10];" 等同于 "struct student stu[10];"。

类型定义语句 typedef 可以增强程序的可移植性，例如：

```
typedef int DATA;
DATA min(DATA a, DATA b)
{
    if(a<b)
        return a;
    else
        return b;
}
```

以上函数是返回两个整数 a 和 b 中的最小值，只需要将 typedef 语句中的 int 换成 float，则函数 min 就可实现返回两个浮点数 a 和 b 中的最小值。

2.4.4   程序预处理语句

预处理命令的作用之一是改进程序设计的环境，提高编程的效率。预处理命令不能直接编译，在编译前对程序进行处理。

1. 宏定义 define

```
#define A "AA"      // 预处理时将程序中所有 A 换成 "AA"
```

其他的例子如：

```
#define PI 3.14
#define s(a,b)  a*b
```

2. 包含 include

C 语言中经常使用的另一个预编译语句是 #include，它一般放在程序文件的开头，用于告诉编译程序编译时应该包含的头文件，从而使得编译程序可以解析外部符号（如找到调用函数的定义）。例如：

```
#include <stdlib.h>               // 编译时包含系统定义的头文件 stdlib.h
#include "circle.h"               // 编译时包含用户定义的头文件 circle.h
```

一旦包含了某个文件，则在程序中就可以使用该文件中定义的全局变量和函数。#include 语句后面接的是头文件名（文件扩展名为 .h）。如果头文件是编译器自带的标准头文件（或安装到该标准头文件所在的系统库函数目录中的其他头文件），则文件名用一对尖括号（<>）括起，否则用一对双引号（" "）括起。如果用 <> 括起，则编译器将直接在系统库函数目录下直接寻找该头文件；如果用 " " 括起，则编译器将直接在用户当前的工作目录中寻找该头文件。如果都未找到，则按编译器中指定的文件查找方式在其他目录中查找。

在编写自己的头文件时，一般包含三部分内容：①头文件开头处的文件信息声明；②预处理语句块；③函数和类结构声明。例如，下面的头文件 WordParser.h：

```
/*
 * WordParser.h 定义了解析 Microsoft Windows Word .doc 文件并从中抽取出文本
 * 内容所需的一系列数据和方法。
 * 该文件的编写者为: Qian Liping (Copyright 2007)
 */
#ifndef     _WORD_PARSER_
#define     _WORD_PARSER_
#include <stdio.h>
#include <stdlib.h>
… …
class WordParser{
private:
    … …
public:
    … …
}; // end of class WordParser
#endif
```

WordParser.h 用 #ifndef/#define/#endif 预编译结构，避免头文件被重复引用。另外在头文件中，一般只存放"声明"而不存放定义。在 C++ 语法中，类的成员函数可以在声明的同时被定义，并且自动成为内联函数，但建议将成员函数的定义与声明分开（在内联函数一节有专门论述）。

2.4.5　输入 / 输出语句

在 C 语言中，所有的数据输入 / 输出都是由库函数完成的。最常用的从标准输入设备（键盘）输入数据的函数包括 scanf()、getchar() 和 gets() 等；最常用的向标准输出设备（显示器）输出数据的函数包括 printf()、putchar() 等。其中 scanf() 和 printf() 函数又称为格式输入和格式输出函数，其函数原型定义在头文件 "stdio.h" 中，分别实现按用户指定的格式从标准输入设备上把数据输入到指定的变量中或按用户指定的格式将指定变量输出到标准输出设备上。

printf() 函数调用的一般形式为：

```
printf("格式控制字符串", 输出项列表);
```

其中，格式控制字符串用于指定输出格式，可以包含格式字符串和非格式字符串。格式字符串是以 % 开头的字符串，在 % 后面跟有各种格式字符，以说明输出数据的类型、形式、长度、小数位数等。如 "%d" 表示按十进制整型输出，"%ld" 表示按十进制长整型输出，"%c" 表示按字符型输出等，"%s" 表示字符串输出等。非格式字符串在输出时原样打印，在显示中起提示作用。输出项列表包括一组用逗号分隔开的变量、常量及表达式等。例如：

```
int ia = 10;
char *pstr = "Hello, world!";
printf("Test: %d\t%s\n", ia, pstr);
```

上面的 printf() 语句的输出为：

```
Test: 10  Hello, world
scanf() 函数的一般形式为:
scanf(" 格式控制字符串 ", 变量地址列表 );
```

其中，格式控制字符串的作用与 printf() 函数相同，变量地址列表中给出需要接收输入的各个变量的地址（注意是变量的地址而非变量的名字）。例如：

```
int a, b;
scanf("%d%d", &a, &b);
```

2.4.6 表达式语句

表达式语句主要包括：算术表达式、自增 / 自减表达式、关系表达式、逻辑表达式、sizeof 表达式、取地址表达式、取内容表达式、位操作表达式和赋值表达式等。

1. 算术表达式

算术表达式是指利用加减乘除等算术运算符构造的表达式，例如：

```
a + 2                    /* a 加上 2 */
b * 3                    /* b 乘以 2 */
c/2                      /* c 除以 2 */
d %2                     /* d 取除以 2 的余数（取模）*/
```

2. 自增表达式和自减表达式

自增表达式是指利用自增运算符 "++" 和自减运算符 "--" 构造的表达式，例如：

```
i++;                     /* i 在参与运算后自动增 1 */
j--;                     /* j 在参与运算句后自动减 1 */
++k;                     /* k 在参与运算前自动增 1 */
--l;                     /* k 在参与运算前自动减 1 */
```

自增运算符和自减运算符一般常用于整型的循环变量或指向数组结构的指针变量。对整型变量的自增和自减易于理解，对于指针变量，自增是让该指针变量指向数组结构的下一元素，指针变量的自增是以存储类型所占用的单元来度量，而不是简单地向后移动 1 个字节，例如：

```
int main(){
    int *pix;
    int ia[5] = {1, 2, 3, 4, 5};
    pix = ia;                /* pix 指向数组元素 ia[0] 的地址 */
    printf( "pix point to: ");
    printf("&d\n",*pix);
    pix++;                   /* pix 指向数组元素 ia[1] 的地址 */
    printf("pix point to: ");
    printf("%d\n",*pix);
    return 0;
}
```

在上面的程序中，pix 最初指向数组元素 ia[0] 的地址，执行 " pix++;" 后，pix 指向数组元素 ia[1] 的地址，是增加了一个整型数的存储单元（即 sizeof(int)，32 位机上为 4 字节），而不是仅增加了 1 字节。

3. 关系表达式

关系表达式是利用关系运算符构造的表达式。所谓"关系运算"实际上就是"比较运算"，即将两个同类型的数据进行比较，判定两个数据是否符合给定的关系。关系表达式的计算结果是一个逻辑值（布尔值，真或假），如果两个数据符合给定的关系，则结果为"真"，否则结果为"假"。

在 C 语言中，以非 0 表示真，以 0 表示假。另外在某些 C++ 编译器中（如 Visual C++）定义了布尔类型 bool，用来表示布尔类型，其取值为 true 或 false。

C 语言提供 6 种关系运算符分别是：

<(小于)   <=(小于等于)   >(大于)

>=(大于等于)   ==(等于)   !=(不等于)。

例如：

```
a + b > 3          /* 当 a+b 的值大于 3 时，该条件表达式的值为真，否则为假 */
x == y             /* 当 x 的值等于 y 时，该条件表达式的值为真，否则为假 */
p != NULL          /* 如果指针 p 的值不为空（NULL），该条件表达式的值为真，否则为假 */
```

4. 逻辑表达式

逻辑表达式是指利用逻辑运算符构造的表达式，一般用来连接多个条件表达式，表示多个条件的逻辑组合。C 语言中的逻辑运算符包括：

|| （或）   && （与）   ! （非）

逻辑表达式的计算结果也是一个逻辑值，或"真"或"假"。表达式 A、B 之间的逻辑运算及取值如表 2-1 所示。

表 2-1 逻辑表达式运算结果

A||B	A 真	A 假	A&&B	A 真	A 假	A	!A
B 真	真	真	B 真	真	假	A 真	假
B 假	真	假	B 假	假	假	A 假	真

在计算逻辑表达式时，只有在必须执行下一个表达式才能求解时，才求解该表达式（即并不是所有的表达式都被求解）。换言之：

1）对于逻辑与运算，如果第一个操作数被判定为"假"，系统不再判定或求解第二操作数，两个操作数的与运算结果为"假"。

2）对于逻辑或运算，如果第一个操作数被判定为"真"，系统不再判定或求解第二操作数，两个操作数的或运算结果为"真"。

例如，下面的逻辑表达式，如果 I 大于 5，则不再求解 (I<=7)：

```
( I <= 5) && ( J <= 7)
```

再如，下面的逻辑表达式，当 p1 非空时，则不再求解 (p2 != NULL)：

```
( p1 != NULL) || (p2 != NULL)
```

5. sizeof 表达式

在 C++ 语言中，sizeof 的用法形式有点像函数，但其实它并不是函数，而是像自增运算符 "++" 和自减运算符 "--" 一样，是一个单目运算符。sizeof 的用法如下：① sizeof（类型名）；② sizeof（变量名）；

sizeof 给出了指定类型或变量以字节计算的存储单元大小。

例如，"sizeof(int);"给出整型 int 在内存空间所占的存储单元的大小，在 32 位机上为 4 字节；"sizeof(char);"给出字符型 char 在内存空间所占的存储单元的大小，在 32 位机上为 1 字节。如果用户自己定义了某种类型，如结构体类型 struct student，也可以用求出该类型所占内存空间的大小，如"sizeof(struct student);"给出结构体 student 所占内存存储单元的大小。sizeof 对各种基本数据类型、构造类型和指针类型实际计算出来的存储单元的大小，与具体的机器平台和编译器有关，标准 C（ANSI C）只规定了 char 类型为 1 字节。

如果 a 是变量，则"sizeof(a);"给出变量 a 所占存储空间的大小。

6. 取地址表达式

C 语言中，可以用 & 取一个变量的地址，如"&a;"表示取变量 a 的地址。在 C 语言的标准输入函数 scanf() 中，就用到了取地址运算符，例如：

```
/* tt.cpp */
#include <stdio.h>
int main(){
    int ia, ib;
    printf("Please input ia and ib: ");
    scanf("%d%d", &ia, &ib);
    printf("\nThe Input ia is %d and ib is %d.\n", ia, ib);
    return 0;
}
```

在上面的 scanf() 函数中，如果不使用 &ia 和 &ib 来输入，而使用 ia 或 ib 来输入，则会发生致命性错误。

7. 取内容表达式

* 是指针运算符，如 p 为指针变量，则"*p;"表示指针 p 所指向的单元的内容。例如，下面的程序段从键盘输入两个整数，并利用取内容表达式完成它们之间的交换。

```
/* tt.cpp */
#include <stdio.h>
int main(){
    int ia, ib;
    printf("Please input ia and ib: ");
    scanf("%d%d", &ia, &ib);
    printf("\nThe Input ia is %d and ib is %d.\n", ia, ib);
    int *pi1 = &ia;              /* 整型指针 pi1 指向变量 ia 的地址 */
    int *pi2 = &ib;              /* 整型指针 pi2 指向变量 ib 的地址 */
    int t = *pi1;               /* 取指针 pi1 的内容赋给变量 t */
    *pi1 = *pi2;                /* 将指针 pi2 的内容赋给指针 pi1 */
    *pi2 = t;                   /* 将变量 t 的内容赋给指针 pi2 */
    printf("\nThe Exchanged ia is %d and ib is %d.\n", ia, ib);
    return 0;
}
```

8. 位操作表达式

位操作表达式是指利用位运算符，按二进制位进行运算的表达式，C 语言中的位运算符共有 6 种，包括：

&（位与） |（位或）   ~（位取反，亦称位非）

^（位异或）   <<（位左移）   >>（位右移）

例如，下面的程序将一个整数的高 16 位和低 16 位分别打印出来：

```cpp
/* tt.cpp */
#include <stdio.h>
int main(){
    int ia=0x12345678;
    int ialow, iahigh;
    ialow = ia & 0xFFFF;                            /* ialow 取 ia 的低 16 位 */
    iahigh = (ia >> 16) & 0xFFFF;                   /* iahigh 取 ia 的高 16 位 */
    printf("The origin integer ia is: %x.\n", ia);
    printf("The low part of ia is: %x.\n", ialow);
    printf("The high part of ia is: %x.\n", iahigh);
    return 0;
}
```

再例如，当需要根据文件头信息判断一个文件是否是 Microsoft Windows Word.doc 文件时，首先判断该文件是否是一个 OLE 文件（对象链接与嵌入文件，其特征是文件头最开始 8 个字节为二进制串 "0xD0 CF 11 E0 A1 B1 1A E1"），并且如果该 OLE 文件的某个 128 字节倍数的位置处，起始首字节大于 0x80 且次字节为 0xA5，则该文件为 .doc 文件。判断一个 OLE 文件是否为 .doc 文件的程序段可如下：

```cpp
fstream filet;
char buffer[128];
… …
while (filet.read(buffer, sizeof(buffer))) {
    if ((unsigned char)buffer[1]==0xA5 && buffer[0] & 0x80) {
        printf("It is a Microsoft Windows Word .doc file.\n");
    }
}
… …
```

9. 赋值表达式

赋值表达式（赋值语句）是由赋值运算符 "=" 构成的表达式语句，它的一般形式为：

变量 = <表达式>

赋值表达式的功能和使用方法都类似于数学上常用的数学表达式，如 x = a + b。赋值语句的例子如：

```cpp
a = 5;
b = 3.14 * r * r;
```

各种表达式都可以赋给相应数据类型的变量。例如：

```cpp
x = ++I;
a = *p;
```

在使用赋值语句时，应当注意：

1）被赋值的变量在赋值运算符 "=" 的左边。

2）用于赋值的表达式应当是可求解的，既赋值表达式中不能含有当前尚未赋值的变量。

3）赋值运算符右边的表达式也可以又是一个赋值表达式，即可以是如下形式：

变量 1 = 变量 2 = … = 变量 n = 表达式；

上式的赋值可理解成从右往左赋值，即将表达式的值先赋给变量 n，然后依次向左赋值，最后由变量 2 赋给变量 1。

4）赋值表达式的数据类型应与变量的类型一致，或者可以强制转换成与变量类型一致的数据类型。

5）赋值语句与在变量定义时给变量赋初值是有区别的，给变量赋初值是变量定义的一部分，赋初值后的变量与其后的其他同类变量之间仍必须用逗号间隔，而赋值语句则必须用分号结尾。例如：

```
int ia = 5, ib = 10;        /* 合法的变量定义和赋初值 */
ia = 5, ib =10;             /* 非法，应调整为 ia = 5; ib = 10 */
```

6）在 C 语言中，还可以使用复合算术赋值（+=,-=,*=,/=,%=）和复合位运算赋值（&=,|=, ^=, >>=, <<=），但这些运算都可以通过普通的赋值运算来实现，而且它们编写的语句可理解性相对较差，一般不提倡使用。例如：

```
i += 3;                     /* 实际上等价于 i = i+3; */
A &= 0xff;                  /* 实际上等价于 A = A & 0xff; */
```

2.4.7 控制语句

C++ 语言与 C 语言一样，控制语句包括跳转语句（如 goto、continue、break 语句等）、判断语句（if 语句、if-else 语句和 switch 语句）、循环语句（for 语句、while 语句和 do-while 语句）、异常处理语句等，异常处理语句如 try、catch 等在异常处理一章中有专门叙述，下面主要介绍条件语句和循环语句。

1. 条件语句
C++ 中有两种形式的条件语句：if 语句和 switch 语句。

1）if 语句
格式一：

```
if (< 表达式 >)
    < 语句块 >
```

即：如果 < 表达式 > 为真，则执行 < 语句块 >，然后继续执行后面的语句；否则直接执行后面的语句。例如，如果整型变量 a 大于 b 则返回 a，可以写成如下语句：

```
if ( a > b )
    return a;
```

再如，在程序结束前，判断：如果文件 inFile 尚处于打开状态，则关闭它，可以用下列语句描述：

```
if (inFile)
    fclose(inFile);
```

格式二：

```
if (< 表达式 >)
    < 语句块 1>
else
    < 语句块 2>
```

即：如果 < 表达式 > 为真，则执行 < 语句块 1>，否则执行 < 语句块 2>。在 < 语句块 1>

或 < 语句块 2> 之一执行完毕后都继续执行后面的语句。例如，求两个整型变量 a 和 b 的较大值，则可以写成如下语句：

```
if ( a > b )
    return a;
else
    return b;
```

再如，在打开文件失败时，提示出错并退出：

```
FILE *inf;
char *pFilename = "test.txt";
inf = fopen(pFilename, "r");
if (inf == NULL) {
    printf("Error Opening file: %s\n", pFilename);
    return -1;
}
```

格式三：

```
if (< 表达式 1>)
    < 语句块 1>
else if (< 表达式 2>)
    < 语句块 2>
else if (< 表达式 3>)
    < 语句块 3>
    ……
else if (< 表达式 n>)
    < 语句块 n>
else
    < 语句块 n+1>
```

即：如果 < 表达式 i> 为真，则执行 < 语句块 i>，否则执行 < 语句块 n+1>。在 < 语句块 i> 或 < 语句块 n+1> 之一执行完毕后都继续执行后面的语句。

2）switch 语句

swithc 语句的格式：

```
switch (< 表达式 >){
    case 常量 1:
        < 语句块 1>
        break;
    case 常量 2:
        < 语句块 2>
        break;
    ……
    case 常量 n:
        < 语句块 n>
        break;
    default:
        < 语句块 n+1>
};
```

即：如果 < 表达式 > 计算结果等于常量 i，则执行 < 语句块 i> 及其后的 break（用于跳出 switch 语句），否则执行 < 语句块 n+1>。例如，根据学生成绩确定成绩等级，90 分以上为 A，

80~89 分为 B，70~79 为 C，60~69 为 D，50 分以下为 E，则可以用以下程序段实现：

```c
#include <stdio.h>
int main(){
    int score;
    int a;
    char grade;
    scanf("%d", &score);              // 输入学生成绩
    a = score/10;
    switch (a){
        case 10:
        case 9:
            grade='A';
            break;
        case 8:
            grade='B';
            break;
         case 7:
            grade='C';
            break;
    case 6:
            grade='D';
            break;
    case 5:
    case 4:
    case 3:
    case 2:
    case 1:
    case 0:
            grade='E';
      break;
    default:
            printf("Error score.\n");
            return;
    }
    printf("the grade is %c\n", grade);
    return 0;
}
```

2. 循环语句

C++ 中提供了三种循环语句：for 语句、while 语句和 do-while 语句。

1）for 语句

for 语句格式：

```
for(< 表达式 1>; < 表达式 2>; < 表达式 3>)
    < 语句块 >
```

即：0 从 < 表达式 1> 设定的初值开始，只要 < 表达式 2> 条件为真，则执行 < 语句块 >。< 表达式 3> 一般用于控制使 < 表达式 2> 在某个特定条件下达到假值，从而结束 for 循环。例如，求 100 以内奇数之和，可以用如下程序段实现：

```c
#include <stdio.h>
int main(){
    int i;
```

```
    int s=0;
    for (i=1; i<100; i=i+2)
        s=s+i;
    printf("The sum is: %d\n", s);
    return 0;
}
```

2）while 语句

while 语句格式：

```
while(<表达式>)
    <语句块>
```

即：只要<表达式>的值为真，则执行<语句块>。因此<语句块>内一般需要修改某个条件，以使<表达式>的值在某个时刻达到假值，从而结束 while 循环。用 while 语句实现求 100 以内奇数之和的程序段如下：

```
#include <stdio.h>
int main(){
    int i, s;
    i=1;
    s=0;
    while (i<100) {
        s=s+i;
        i=i+2;
    }
    printf("The sum is: %d\n", s);
    return 0;
}
```

3）do-while 语句

do-while 语句格式：

```
do
    <语句块>
while(<表达式>)
```

即：执行<语句块>，且只要<表达式>的值为真，就再次执行。因此<语句块>内一般需要修改某个条件，以使<表达式>的值在某个时刻达到假值，从而结束 while 循环。

do-while 语句和 while 语句的区别在于 do-while 是先执行后判断，因此 do-while 至少要执行一次循环体。而 while 是先判断后执行，如果条件不满足，则一次循环体语句也不执行。

上述<语句块>如果包含不止一条语句，则需用大括号"{ }"括起。

在条件语句和循环语句中，都可以用 break 语句跳出本语句块，结束分支或循环。在循环语句中还可以用 continue 语句结束本次循环，并直接跳到循环开始语句，进入下一次循环。

实验：C++ 基础

实验目的

复习巩固 C 语言的基础知识，主要是结构化程序设计方法中的三种结构、结构体的使用，为后续面向对象程序设计打好基础。

实验任务及结果

1. 在自己使用的编辑环境中验证 void 的使用

验证 add 函数前加与不加 void 或加 int 的编译情况及返回结果。

```
add(int a,int b){
    return a+b;
}
```

2. 验证 typedef 的使用

```
typedef int DATA;
DATA min(DATA a, DATA b)
{
    if(a<b)
        return a;
    else
        return b;
}
```

将 typedef 语句中的 int 换成 float 和 char，重新实现对 min 函数的调用。

3. 输入学生成绩，对学生成绩进行统计并输出，包括：统计各分数段人数，输出不及格学生的姓名。学生成绩分数段包括：<60、60 ~ 69，70 ~ 79，80 ~ 89，≥ 90。将程序补充完整并写出验证性主函数。

4. 计算圆的面积。

保持下列的主函数不变，完善计算圆面积的程序。将与圆相关的信息（包括数据和操作）集中定义在一个结构体中，并实现对结构体的调用。

```
int main(){
    struct Circle myC;
    myC.InputR();              // 输入半径
    myC.ComputeS();            // 计算面积
    myC.OutputS();             // 输出面积
    return 0;
}
```

5. 编写程序，完成下列功能。要求每个功能用一个函数实现，并写出主函数，实现对函数的调用：

1）从键盘上读入一批数，读到 0 停止。

2）统计这批数中正数的个数并输出。

3）选择一种排序方法，对这批数按从小到大的顺序排序输出。

4）主函数。

第3章　C++语言基础二

C++ 语言保留了 C 语言原有的优点，并在此基础上增加了新的特性和对面向对象的支持机制。本章着重介绍 C++ 增加的新特性。

使用 C++ 语言编写和运行程序，首先需要安装 C++ 编译系统（编译器）。在 DOS 系统下，可以使用 Turbo C++ 或 Borland C++；在 Windows 系统下，可以使用 Visual C++（之后简称为 VC++）、C++ Builder 和 Dev C++ 等。有些 C 语言编译器允许的非标准 C 语言的特性可能无法用 C++ 编译器编译；或虽然可以编译，但可能含义不同。关于这一点，请查阅相关书籍。

在 Windows/DOS 环境中，C++ 源代码文件的扩展名为 .cpp，头文件的扩展名为 .h。

3.1　C++ 程序入口

```
int main(void){
......
return 0;
}
```

或：

```
int main(int argc,char* argv[]){
......
return 0;
}
```

所有的 C++ 程序都是从主函数 main() 入口，无论主函数处于程序中什么位置，每个程序有且只有一个主函数。这一点与 C 语言是一样的。主函数运行结束，返回 0 给操作系统。

在 Windows 环境下，main 前面的 int 改成 void 也能通过编译：

```
void main(){
......
}
```

但 Linux 环境下，如下程序段会返回出错信息："main 必须返回 int"：

```
void main(){
 cout<<"this is a test!";          // 输出语句
}
```

书中的例子默认在 Windows 环境下运行，如果在 Linux 环境下运行，只要稍加改动即可。

第二种 main() 函数的定义：int main(int argc,char* argv[])，括号里的程序参数记录了程序运行时从命令行获取的参数的个数和参数的内容（字符串类型），参数个数自动获取，为给定参数个数加 1，argv[] 中存放以空格分开的参数字符串，argv[0] 中存放程序名称。

```
int main(int argc,char* argv[]){
 cout<<"this is a test!"<<endl;
```

```
  cout<<argc<<endl;
  for(int i=0;i<argc;i++)
      cout<<argv[i]<<endl;
return 0;
}
```

程序编译后生成 maintest.exe，如放在 D:\main1\debug\ 目录下，则如下运行：

`D:\main1\debug>maintest test1 test2`

// 给定参数两个 :test1, test2，实际 argc 值为 3，argv[0] 中存放程序名称"maintest"。

输出：

```
this is a test!
3
maintest
test1
test2
```

在 VC++ 6.0 环境下直接运行，没有给定参数，实际 argc 值为 1，argv[0] 中存放程序名称"D:\main1\debug\maintest.exe"。

输出：

```
this is a test!
1
D:\main1\debug\ maintest.exe
```

在 VC++ 6.0 环境下，可以通过菜单 Project 下的选项 Debug 设定程序参数。

2

3.2 命名空间 using namespace

同一个程序中，如果有两个变量或函数的名字完全相同，就会出现命名冲突。随着程序规模的扩大，命名冲突的问题越来越严重。在同一个程序甚至是一个程序的某个模块内都会出现同名的情况，特别是那些由多人合作开发的程序，这种情况会更严重。即使对同一个程序员来说，有时为了程序的阅读和书写方便，也可能特意或无意地使用同一名字。C++ 中的命名空间可以减少变量、函数的命名冲突。解决的办法就是将同名的变量或函数等定义在一个不同名字的命名空间中。using namespace 预编译指令指示程序的命名空间。

【例 3-1】 命名空间的使用：在 qq.h 文件中定义了两个命名空间 name1 和 name2，在 qq.cpp 中使用了其中定义的变量。

```
// qq.h
namespace name1{
    char *user_name="zhangsan";
}
namespace name2{
    char *user_name="lisi";
}
// qq.cpp
int main(){
    printf(name1::user_name);
    printf(name2::user_name);
```

```
    return 0;
}
```

此处定义了两个命名空间 name1 和 name2，在这两个命名空间中都定义了同名变量 user_name。在主函数中，用命名空间限制符 name1 和 name2 来限制访问变量 user_name。另外也可以用预编译指令 using namespace 来限制使用命名空间中的命名。如上面的函数可以修改为：

```
using namespace name1;              // 默认使用命名空间 name1
int main(){
    // 默认使用命名空间 name1，不用加命名空间限制符
    cout<<user_name<<endl;
    // 利用命名空间限制符，指定使用命名空间 name2
    cout<<name2::user_name<<endl;
return 0;
}
```

在程序文件的开头，经常出现"using namespace std;"这样的语句。std 表示 C++ 标准库。"using namespace std;"表示 C++ 标准库中定义的名字在本程序中都可以使用。以下程序表明 cout 来自于 C++ 标准库中的 iostream 头文件。

【例 3-2】 简单但完整的 C++ 程序。

```
#include <iostream>
using namespace std;
int main(){
 cout<<"this is a test!";           // 输出语句
 return 0;
}
```

3.3 输入 / 输出

在 C++ 中仍然可以用 scanf() 和 printf() 函数进行变量的输入或表达式的输出，同时 C++ 中也新增了更为形象的输入 / 输出方式，即输入 / 输出流。只要在程序中包含了流文件 iostream.h，则数据的输入 / 输出可以采用更简便的方式来完成，其中输入语句格式为：

```
cin>> 变量名 1>> 变量名 2>>…变量名 n;
```

输出语句格式为：

```
cout<< 表达式 1<< 表达式 2<<…表达式 n;
```

其中，cin 表示输入对象，默认为键盘，>> 表示数据流动的方向是从输入对象"流入"到变量中；cout 表示输出对象，默认为显示器，<< 表示数据流动的方向是求出表达式的值并让其"流出"到输出对象上。

例如：

```
cin>>a>>b;
cout<<" a，b 的值是   " <<a<<b<<endl;
```

注：标准 C++ 库符合 ANSI 标准，新的头文件名不再有 .h 扩展名，但在所有 include 后包含"using namespace std;"。

在程序中，既可以使用旧版本的头文件（以 .h 形式的头文件），也可以用新的标准 C++ 库头文件。

3.4　C++ 语言的程序结构

3.4.1　C++ 程序结构

```
#include <头文件>           // 包含头文件
using namespace std;       // 可选
全局变量定义
全局函数的定义
{
    局部变量定义;
    <程序体>
}
class <类名>{
......
};
int main(){
    局部变量定义;
    <程序体>
    return 0;
}
```

　　面向对象程序设计中主要包含各个类的定义及调用，但也可以如 C 语言一样在类外编写子函数，用户定义的子函数不位于任何一个类则为全局函数，子函数中定义的变量不特别说明为局部变量，程序体由输入 / 输出语句、控制语句（顺序语句、分支语句、循环语句）或其他子函数（用户自定义的子函数或来自第三方函数库的子函数）或类的调用语句等组成。

　　在编写 C++ 语言程序时需要注意的是：

　　1）大多数语句结尾必须要用 ";" 作为终止符，否则编译器认为该语句未结束；

　　2）每个程序必须有一个而且只能有一个称作主函数的 main() 函数；

　　3）每个函数的函数体（包括主函数和子函数）必须用一对花括号 "{" 和 "}" 括起来；

　　4）类的使用遵循类的定义及调用规则。

　　书写程序时，要养成良好的程序风格。程序风格虽然不会影响到程序的功能和性能，但良好的程序风格可以使程序结构清楚，易于阅读、维护和修改。良好的程序风格包括：

　　1）一般每行一条语句；

　　2）合理利用空行分隔程序段落，如在每个类声明及函数定义结束之后留一空行；

　　3）合理利用空格符分隔程序中的标记（包括 C++ 关键字、变量名、运算符等）；

　　4）遇到嵌套语句则向内缩进；特别是对条件分支、循环等控制语句，应当独占有一行，其控制执行的语句块必须用一对大括号 "{}" 括起，且 "{" 和 "}" 各单独占用一行；

　　5）表达式中的分项表达式尽量用一对圆括号 "()" 括起；

　　6）变量定义遵循就近原则，尽量在定义的同时进行初始化；

　　7）必要情况下尽可能地用注释语句说明各函数和关键语句的功能和形式，注释内容放在 "/*" 和 "*/" 之间。对关键语句的注释一般放在该语句同一行之后，当用于注释的内容较长时，可以将注释内容以多行形式放在该语句行之前；对函数的注释一般放在该函数的定义之前，注释中应说明该函数的功能、参数、返回值等，并可以加上编写者的相关信息；

8）所有的函数都必须加上返回值类型，如不需要函数返回结果值，则必须说明为 void 型；

9）函数的功能要单一，规模一般不超过 150 行。

3.4.2 变量的作用域

变量都有其作用域。C++ 语言中，大多数作用域是用一对花括号 "{ }" 来界定的，一般来说，变量从其定义处开始，直到其定义所在的作用域结束处都是可见的。

1. 全局变量

同 C 语言一样，在 C++ 语言中，变量按其生效的范围，分为全局变量（globle variable）和局部变量（local variable）。在函数和类外定义的变量，具有全局的作用域，称为全局变量。局部变量是在一对花括号括起的函数体内或语句块内定义的，其作用域仅限于函数体内或语句块内，在其作用域范围外再使用这种变量是非法的。一个应用程序可能包含多个源文件，而一个源文件可能包含多个函数。一般说来，全局变量的作用范围是定义点起至文件结束为止，局部变量的作用范围是从定义点起至该局部变量所在块的尾部为止。

全局变量的作用域是全局的（除非其当前作用域被同名的其他变量所覆盖）。它不属于哪一个函数，其作用域是整个源程序（并且可以被外部源文件引用）。

在 C++ 语言中，在函数体外定义的变量的作用域默认情况下是全局的，也就是对多个源文件可见，比如说，如果在同一个程序的两个源文件 a.cpp 和 b.cpp 中都定义了如下全局变量：

```
int a;
```

则编译器链接两个文件时会报告错误：

```
error C2086: 'a' : redefinition
```

在软件设计时，特别是开发大型软件时，应尽可能少地使用全局变量，避免不同编程人员甚至是同一个编程人员可能在多个源文件使用同样名字的全局变量，在编译链接时造成重复定义错误。如果仅需要在某个源文件中使用全局变量，则可以使用 static 限制符将其作用域仅限制在定义它的源文件中，如在 a.cpp 文件中如下定义全局变量 a：

```
static int a;
```

则全局变量 a 的定义被限制在 a.cpp 中可见，如果要在 b.cpp 中使用 a，则在编译时会造成 "变量未定义" 的错误。

如果要在 a.cpp 中定义全局变量 a，同时又要在 b.cpp 中使用这个变量 a，则可以如下处理：

1）在 a.cpp 中定义全局变量 a

```
int a;
```

2）在 b.cpp 中利用 extern 关键词引用定义在其他源文件（a.cpp）中的全局变量 a

```
extern int a;
```

2. 局部变量

在 C++ 语言中，局部变量可以在引用它之前的任意位置定义，不必像 C 语言那样，必须将变量定义放在任何可执行语句之前。这样做的好处是可以更明显地掌握变量的作用域。例如，下面的代码在 C 语句中会出现编译错误，而在 C++ 中则是允许的：

```
int main(){
    cout<<"Input a=";
    int a;
    cin>>a;
    ......
    return 0;
}
```

局部变量的作用域从声明处开始到其所在函数或语句块结束。例如：

```
for(int i=1; i<10; ++i){
    int a=3;                    // 局部变量 a 的作用域开始
    cout<<i*a<<endl;
    ......
}// 局部变量 a 的作用域至此结束
```

3. 作用域运算符

由于 C++ 中作用域（花括号）可以嵌套，因此变量的作用域可能被其他同名的变量显式地覆盖。

作用域运算符 "::" 用于解决作用域冲突的问题。例 3-3 演示了具有同样名字的一个全局变量和一个局部变量的作用域。

【例 3-3】 变量的作用域

```
#include <iostream >
using namespace std;
float a=1.5;                // 全局变量 a，作用范围为整个程序
int main(){
    int a=3;                // 局部变量 a，作用范围从此处开始到本函数结束
    cout<<"a="<<a<<endl;    // 语句 1
    return 0;
}
```

程序的输出结果为：

```
a=3
```

如果要输出全局变量 a 的值，可以用 "::" 指定所需的作用域。例 3-3 中语句 1 应修改为：

```
cout<<::a<<endl;
```

要注意的是，不能用 "::" 访问函数中的局部变量。

3.5　C++ 的其他新特性

3.5.1　内存的动态分配与回收

C++ 语言为动态内存分配与回收增加了 new 和 delete 运算符。其中 new 用于动态分配内存，相当于 C 语言中的 malloc()，或更确切地说，new 是用来在堆内存中动态地创建对象。delete 用于释放指针指向的内存空间，相当于 C 语言中的 free()，或更确切地说，delete 是用来删除使用 new 创建的对象或一般类型的指针。例如，如果 p 是一个指向动态对象的指针，则语句 "delete p;" 释放此对象。在这条 delete 语句执行后，指针变量 p 没有定义，因此不能再被使用，除非给它重新赋值。

new 指令的格式为：

```
new 类型说明符 ( 初值 ) ;
```

它表明在堆中建立一个由 < 类型说明符 > 给定的数据类型的对象，并且由括号中的（初值）给出被创建对象的初始值。如果省去括号和括号中的初始值，则被创建的对象选用缺省值。

使用 new 运算符创建对象时，它可以根据其参数来选择适当的构造函数。

new 运算符返回一个指针，指针类型与 new 所分配的对象相匹配，如果不匹配则可以通过隐式类型转换或显式类型转换（强制类型转换）的方法，如果未能隐式转换或强制转换不成功，则在编译时会出错；编译程序亦对隐式类型转换提示警告信息。

如果 new 运算符不能分配到所需的内存，它将返回 0，这时的指针为空指针。

delete 指令的格式为：

```
delete 指针名 ;
```

使用运算符 delete 时，应注意如下几点：

1）delete 必须用于由运算符 new 返回的指针；

2）该运算符也适用于空指针（即其值为 0 的指针）；

3）delete 也可以删除由 new 创建的一般类型的数组，此时指针名前只用一对方括号运算符，并且不论所删数组的维数，delete 会忽略方括号内的任何数字。

例如：

```
int *ptr;                       // 声明一个整型指针
ptr=NULL;
ptr=new int;
ptr=new int(10);                // 动态分配存放 int 数据的内存空间，并将初值 10 存入
delete ptr;                     // 释放 ptr 指向的内存空间
int *ptr=new int[10];           // 动态分配一个大小为 10 的整型数组内存空间
delete[] ptr;                   // 删除数组空间，注意必须用 []
```

上述语句的执行效果用如图 3-1 所示。

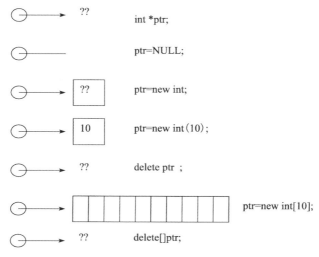

图 3-1　动态内存分配与回收例示图

【例 3-4】 new 和 delete 运算符的使用例子。

```
#include <string>
#include <iostream>
using namespace std;
struct student
{
    char name[10];
    int age;
    char sex;
};
int main(){
    student *stu;
    stu=new student;
    strcpy(stu->name, "WangLi");
    stu->age=5;
    stu->sex='M';
    cout<<stu->name<<endl;
    cout<<stu->age<<endl;
    cout<<stu->sex<<endl;
    delete stu;
    return 0;
}
```

所有的堆对象的创建和销毁都要由程序员自己负责，因此，如果处理不好，就会发生两类内存问题：一种情况是如果分配了堆对象，却忘记了释放，称之为内存泄漏；第二种情况是已释放了对象，却没有将相应的指针置为 NULL，即所谓的"指针悬挂"。内存泄露和指针悬挂问题在严重时都会导致程序崩溃。在一个大型软件中，如果程序中某一处频繁地申请分配内存却忘记了释放（如一个网络监听程序在处理捕获的网络数据包时，为临时保存网络数据包中的应用层的内容而申请的临时存储空间，在使用后却忘记了释放），则会逐渐导致内存被耗尽，系统性能降低，并导致进程最终死掉。而如果发生指针悬挂问题，则当程序中再度使用到被悬挂的指针时，就会出现非法访问，从而导致进程异常结束。

3.5.2 引用

引用相当于为变量取一个别名，称为引用变量，引用变量的使用可以增加程序的安全性。定义引用变量的格式如下：

数据类型 & 引用名 = 变量名 ;

上面的定义格式中，& 为引用声明符，不代表地址。例如：

```
int a=1;
int &b=a;              //b 是引用变量，为 a 的别名
```

引用和指针的不同之处在于：引用不会另开辟内存单元，它和变量共用一个内存单元。
【例 3-5】 引用的简单使用。

```
#include <iostream>
using namespace std;
int main(){
    int a=10;
```

```
    int &b=a;
    a=a+5;
    cout<<a<<"   "<<b<<endl;
    b=b+3;
    cout<<b<<"   "<<a<<endl;
    return 0;
}
```

程序的输出结果为：

```
15   15
18   18
```

3.5.3 string 类型

string 类型是 C++ 标准类库中提供的面向对象的字符串处理的操作，包括字符串的输入 /
输出、复制、比较、求子串等一系列操作，方便了字符串的处理。使用时包含头文件：

```
#include <string>
using namespace std;
```

string 类型其实是 C++ 中定义的 string 类。

下面举例说明 string 类型的应用，除了例举的这些，string 类型还有许多的成员函数，请
参考 C++ 系统帮助文档中 string 类的定义。

1. 定义及输入 / 输出

```
string s1("student");   或   string s2="teacher";   或   string s3;(空的 string 变量)
cin>>s3;        cout<<s3;
char str[30];   cin>>str;   s3=str;              //字符数组转换
```

2. 常见操作

1）字符串交换："swap();"实现两个字符串值的交换。例如：

```
s1.swap(s2);                                        //实现 s1,s2 值的互换
```

2）字符串查找："find();"查找括号中的字符串，返回找到的第一个字符串第一个字符
的位置。最左边字符编号为 0。例如：

```
string s4="I am a student"
if(s4.find(s1)!= -1) cout<<"find";                  //在 s4 中查找 s1 是否存在
```

其他的字符串查找函数还有：rfind();find_first_of();find_last_of();find_first_not_of(); 等

3）字符串的比较："compare();"返回 0 表示两个串相等或直接用 <，>，== 符号比较。
例如：

```
if( s1<s2) cout<<s1<<" 小于 "<<s2;
if(!s1.compare(s2)) cout<<s1<<" 等于 "<<s2;
```

4）求串长度："length();""size();"求字符串中字符的个数。例如：

```
int len=s1.size();
```

5）字符串连接："append();"将两个字符串连接。例如：

```
s1.append(s2);                                      //将 s2 接在 s1 后
```

6）字符串的替换："replace();"用一个字符串替换另一个字符串。例如：

```
s1.replace(3,4,s2);          // 将 s1 中从第 3 个字符开始的 4 个字符用 s2 替换
s1.replace(3,4,2,'x');       // 将 s1 中从第 3 个字符开始的 4 个字符用 2 个 'x' 替换
```

7）求子串："substr();"返回调用它的字符串的子串。例如：

```
string s=s1.substr(0,4);     // 求 s1 中从第 0 位开始长度为 4 的子串
```

8）求位置：at(); 从字符串中取出指定位置的字符。例如：

```
char c=s1.at(3);
```

3.5.4 函数默认值

C++ 允许在函数原型中或在函数定义时指定一个或多个参数的默认值，也称为缺省值，其遵循的规则是所有带默认值的参数都靠右。也就是说：如果在形参中既有带默认值的参数，又有不带默认值的参数，则应将所有不带默认值的参数放在左边。例如：

```
void f(int a, int b=1, int c=2);
```
是正确的函数原型，而
```
void f(int a=2, int b, int c=2);
```
是不正确的函数原型。

编译器在进行函数调用时，会从左到右将实参传递给形参。当实参的个数少于形参的个数时，该形参及其之后的形参自动取默认值。

如对于：

```
void f(int a, int b=1,int c=2);
```

如果调用 f(1); 则形参 a 取值为 1，b 取默认值 1，c 取默认值 2。

3.5.5 函数调用

总的来说，函数调用有三种形式：传值调用、传址调用和引用调用。对这三种不同的调用形式，可以将形参、实参的取值及调用结果总结如下：

1）传值调用：形参为变量，实参为表达式，形参变实参不变；
2）传址调用：形参为指针，实参为地址值，形参变实参变；
3）引用调用：形参为引用，实参为变量，形参变实参变。
以函数 f 为例，对于不同的形参，采用相应的调用形式，结果如表 3-1 所示。

表 3-1 形参、实参的取值及调用结果

函数原型	调用形式	调用结果
void f(int x);	f(a)	x 的值改变不影响 a
void f(int *x);	f(&a)	x 的值改变，a 的值跟着变
void f(int &x);	f(a)	x 的值改变，a 的值跟着变

1. 传值调用

在传值调用时，被调用函数的形参为变量，调用函数的实参可以是常量、变量或表达式。

调用者在调用函数前先计算实参表达式的值，然后将其传递给形参。形参在被调用函数中改变后的值不影响调用函数的实参的值。

【例 3-6】 交换两个变量 i、j 的值。

```cpp
#include <iostream >
using namespace std;
void swap(int a, int b){
    int t;
    t=a;
    a=b;
    b=t;
}
int main(){
    int i, j;
    i=3;
    j=5;
    swap(i, j);
    cout<<i<<","<<j<<endl;
    return 0;
}
```

输出结果：

```
3, 5
```

从结果可以看出：i, j 的值在调用 swap() 函数后并未实现交换。这是因为调用语句 swap(i, j) 在将实参 i, j 的值传给形参 a, b 之后，i, j 便与 a, b 失去联系。所以虽然 a, b 的值在函数 swap 内部已经交换，但它们已不能够再传回给 i, j，因此主函数中 i, j 的值并未改变。例 3-6 的内存数据传递如图 3-2 所示。

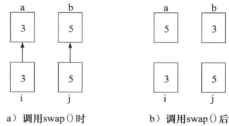

2. 传址调用

在传址调用中，被调用函数的形参是指针，调用语句传递给形参的是变量的地址，所以如果形参所指向的变量值被改变，则同时也是实参的改变。

a）调用swap()时   b）调用swap()后

图 3-2 传值调用的内存数据传递示意图

【例 3-7】 交换两个变量 i、j 的值。

```cpp
#include <iostream >
using namespace std;
void swap(int *a, int *b){
    int t;
    t=*a;
    *a=*b;
    *b=t;
}
int main(){
    int i, j;
    i=3;
    j=5;
    swap(&i, &j);
    cout<<i<<","<<j<<endl;
    return 0;
}
```

输出结果：

5, 3

从结果可以看出：i, j 的值在调用 swap() 函数后实现了交换。因为调用语句 swap(&i, &j) 将 i, j 的地址传递给了形参 a, b，所以 a, b 所指向的内存单元值的改变就是 i, j 值的改变。例 3-7 的内存数据传递如图 3-3 所示。

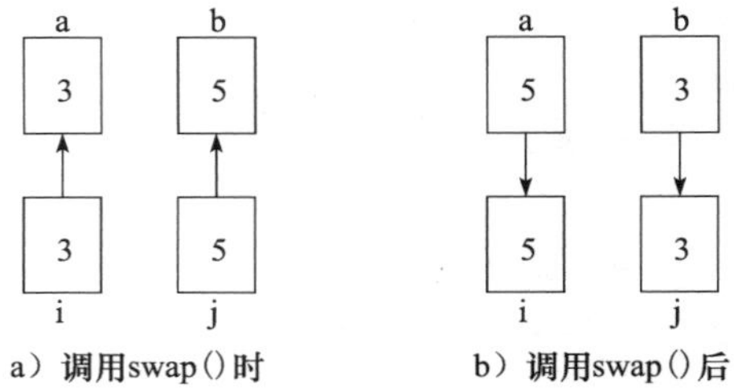

3. 引用调用

引用相当于为变量取一个别名。在传址调用中，其实是把被调用函数中的形参作为调用语句中实参的别名，所以形参和实参其实就是共用的同一个内存单元，形参的改变也就是实参的改变。引用调用使用方便，名义上是传名调用，实际上是传址调用。

【例 3-8】 交换两个变量 i、j 的值。

图 3-3 传址调用的内存数据传递示意图

```
#include <iostream >
using namespace std;
void swap(int &a,int &b){
    int t;
    t=a;
    a=b;
    b=t;
}
int main(){
    int i, j;
    i=3;
    j=5;
    swap(i,j);
    cout<<i<<","<<j<<endl;
    return 0;
}
```

输出结果：

5, 3

从结果可以看出：i、j 的值在调用 swap() 函数后实现了交换。因为调用语句 swap(i, j) 调用时，形参 a、b 即分别成为 i、j 的别名，因此 a、b 的改变就是 i、j 的改变。例 3-8 的内存数据传递如图 3-4 所示。

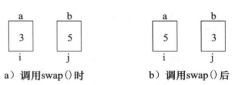

图 3-4 引用调用的内存数据传递示意图

3.5.6 内联函数

在程序设计中，可以将具有完整功能的代码独立出来，编成一个函数，当用到这个功能时就直接去调用这个函数，调用完毕后再返回到调用函数。在函数调用时，有一定的时间和空间开销，因为函数调用之前要保存当前调用函数的状态，在函数调用结束后要恢复调用前的状态。因此如果一个函数被频繁地调用，则造成的时间开销和空间开销也就会更加突出。

在 C 语言中，通常使用预处理语句 #define 宏定义一个函数，以此达到将较小的独立功能编制为函数，同时又避免被频繁调用时带来的时间和空间开销。例如：

```
#define MIN(x, y) (x < y? x : y)
```

上面的语句将求两个数的最小值宏定义为一个函数。这种定义方式使得程序在被编译时，程序中每一个出现 MIN(x, y) 函数调用的地方都被宏定义中后面的表达式 (x < y ? x : y) 所替换。

【例 3-9】 宏定义的函数。

```
#include <stdio.h>
#define MIN(x, y) (x < y ? x : y)
int main(){
    printf("%d", MIN(2, 3));
    return 0;
}
```

在 C++ 中，引入了内联函数，对一些需要被频繁调用的函数，可以将其定义为内联函数。当编译器编译程序时，在出现内联函数调用的地方，会自动用实参替换形参后的函数体来代替。由于该过程是发生在程序编译而非程序执行时，因此就不存在保护现场和恢复现场的问题。但另一方面，内联函数这种做法会相应地增加目标程序的代码量。所以在程序设计时，一般要求内联函数功能单一、函数体简单短小，且在内联函数体内不允许使用循环语句和开关语句。

内联函数的定义是在一般函数定义之前加上关键字 inline。例如：

```
#include <iostream >
using namespace std;
inline int min(int x, int y){
    return x < y ? x : y;
}
int main(){
    cout << min(2, 3) << endl;
    return 0 ;
}
```

与 const 和 #define 定义常量类似，内联函数与宏定义相比，其优点是可以对参数的类型作一致性检查，这样在编译时就能发现编码错误。

3.5.7 函数重载

C++ 语言允许函数重载。所谓函数重载是指在同一作用域内，若干个参数特征不同的函数可以使用相同的函数名字。也就是说，在同一个作用域范围内，两个或两个以上的函数，虽然函数名相同，但其形参的个数或类型可以不同。

例如，在求解两个数的最小值时，这里的两个数可以为两个整数、两个浮点数、两个字符或两个字符串。通过函数重载，可以用一个函数名来统一定义求解两个不同类型的数的最小值的函数，如例 3-10 所示。

【例 3-10】 函数重载的例子。

```
#include <iostream>
using namespace std;
int min(int x, int y){
    return x < y ? x : y;
}
```

```
float min(float x, float y){
   return x < y ? x : y;
}
char min(char x, char y){
   return x < y ? x : y;
}
char* min(char *x, char* y){
   return x < y ? x : y;
}
int main(){
   cout << min(2, 3) << endl;
   cout <<min('a', 'b') << endl;
   cout <<min("am", "at") << endl;
   float a=2.5, b=3.5;
   cout << min(a, b) << endl;            // 语句 1
   return 0;
}
```

在使用函数重载时，一定要注意函数重载的条件和注意事项。

由函数重载的定义可以看出，函数重载的条件是：

1）函数名相同。

2）函数参数的特征（形参类型或者个数）不同。

编译器在编译时，会根据调用函数时实参的个数和类型，决定最终使用函数的哪一部分实现代码。

函数重载时的注意事项包括：

1）不能用不同名字的形参来区分函数。例如：

```
int Add(int x, int y){  return x+y; }
int Add(int a, int b){  return a+b; }
```

会导致出错，出错原因是由于上述两个函数其实是同一个函数。

2）函数的返回值不可以作为函数重载的条件。例如：

```
int Add(int x, int y){ return x+y;  }
void Add(int x, int y){ cout<<x+y;  }
```

出错信息：overloaded function differs only by return type .

3）函数重载时容易产生的二义性问题。例如：

```
int Add(int x,int y){  return x+y;  }
long Add(long x,long y){  return x+y;   }
```

调用语句：cout<<Add(1.1, 2.1)<<endl;

编译时的出错信息：ambiguous call to overloaded function.

出错原因：编译器无法确定使用哪种类型转换。

再如：

```
int Add(int x){   return x; }
int Add(int x, int y=0){   return x+y;  }
```

调用语句：cout<<Add(1)<<endl;

编译时出错信息：ambiguous call to overloaded function.

出错原因：实参的缺省值不写，无法确定使用哪个函数。

思考：例 3-10 中语句 1 能否改为"cout<<min(2.5, 3.5)<<endl;"。

习题

1. 写出程序的结果。

```cpp
int main(){
    int x1;
    x1=5;
    int &x2=x1;
    cout<<"x1="<<&x1<<"    "<<x1<<endl;
    cout<<"x2="<<&x2<<"    "<<x2<<endl;
    x1=x1+10;
    cout<<"x1="<<x1<<endl;
    cout<<"x2="<<x2<<endl;
    return 0;
}
```

2. 说明下面的程序中两个 a 的值为什么不同？

```cpp
float a=123;
int main(){
    int a=4;
    cout<< a <<endl;
    cout<< ::a<<endl;
    return 0;
}
```

3. 写出程序的结果。

```cpp
#include<iostream.h>
int g=1;
void disp(){
int i=1;
static int s=1;
cout<<"g="<<g<<"\n";
    cout<<"i="<<i<<"\n";
    cout<<"s="<<s<<"\n";
g++;i++;s++;
}
int main(){
  while(g<=3)
     disp();
  return 0;
}
```

4. 说明下列函数原型是否正确？

1) void test(int a=3,int b=4,int c);

2) void test(int a,int b=4,int c);

3) void test(int a=3,int b,int c);

4) void test(int a,int b,int c=5);

5) void test(int a=3,int b=4,int c=5);

6) void test(int a,int b,int c);

5. 下面是函数参数传递的三种形式。写出程序的运行结果，说明为什么是这样的结果。

1）
```
#include <iostream>
using namespace std;
void swap(int a, int b){
    int t;
    t=a;
    a=b;
    b=t;
}
int main(){
    int i, j;
    i=8;
    j=6;
    swap(i, j);
    cout << i << "," << j <<endl;
    return 0;
}
```

2）
```
#include <iostream >
using namespace std;
void swap(int *a, int *b){
    int t;
    t=*a;
    *a=*b;
    *b=t;
}
int main(){
    int i, j;
    i=8;
    j=6;
    swap(&i, &j);
    cout << i << "," << j <<endl;
    return 0;
}
```

3）
```
#include <iostream>
using namespace std;
void swap(int &a, int &b){
    int t;
    t=a;
    a=b;
    b=t;
}
int main(){
    int i, j;
    i=8;
    j=6;
    swap(i, j);
    cout << i << "," << j <<endl;
    return 0;
}
```

6. 改正下面程序中存在的问题。

1）
```
#include <iostream>
using namespace std;
```

```
int main(){
    int *p;
    *p=3;
    cout<<"The value is : "<<*p;
    return 0;
}
```

2）
```
#include <iostream>
using namespace std;
int main(){
    int a=ff();
    cout<<"the value of a is:"<<a;
    return 0;
}
int ff(){
    int *p=new int(4);
    return *p;
}
```

7. 引进内联函数的目的是什么？

8. 函数重载的条件是什么？

9. 写出名为 add 的重载函数，能分别实现 2 个整数、2 个浮点数和 2 个字符串的相加。

10. new 与 delete 指令的功能是什么？动态内存分配与回收与静态内存分配与回收有何不同之处，分别应在什么情况下使用？

11. define 指令定义的常量与 const 指令定义的常量有何不同？

12. 下列的做法是否正确？如何改正？

1）int *x;   2）int &x;   3）int n=2;
   x=2;   x=2;   int x[n];

13. 下面的程序中，变量 x 的作用域分别是什么？在 x1、x2、x3、x4 处的输出值分别是多少？

```
#include <iostream>
using namespace std;
int x = 100;
int main(){
    cout << "x1:" << x << endl;
    int x = 200;
    cout << "x2:" << x << endl;
    int sum = 0;
    for (int x=1; x<10; x++)
        sum = sum + x;
    cout << "x3:" << x << endl;
      int  x = 300;
      cout << "x4:" << x << endl;
    return 0;
}
```

实验：C++ 基础

实验目的

掌握 C++ 的新特性，主要是掌握 C++ 中动态内存的分配和撤销、引用以及函数重载的定义及调用。

实验任务及结果

1. 输入 / 输出及动态内存分配与回收

1）用动态内存分配的方式，声明长度为 10 的一维数组，实现对数组元素的输入 / 输出。

用到语句：cin, cout, new, delete

2）定义班级结构体 CLASS，并实现对班级学生信息的输入 / 输出。（班级人数自定，为节省时间，以不超过 10 个为宜，也可在输入的过程中统计班级人数）。学生信息由结构体 student 描述，包括姓名、年龄和性别。

```
struct student
{
    string name;
    int age;
    char sex;
};
int main(){
    CLASS  s1;              // 一班
    CLASS *s2;              // 二班
    CLASS &s3=s1;
......
    return 0;
}
```

设计和补充完整上述程序。

2. 两个变量的交换用 swap 函数实现。学习使用引用调用实现两个变量的交换。

3. 写出名为 max 的重载函数，使它能够分别求解 2 个、3 个和 3 个以上变量中的最大值，主函数中对 max 的调用如下：

```
int main(){
    cout<<max(1, 2)<<endl;
    cout<<max(2, 3, 4)<<endl;
    int a=0;
    int s[7]={3,2,4,7,6,5,8};
    max(s, 7,a);                    // a 为求得的数组中的最大值
    cout<<a<<endl;
 return 0;
}
```

第4章 封 装 性

　　面向对象的程序由一个个封装的对象（类）组成，对象间通过发送和接收消息建立关系。封装性是面向对象程序设计的一个基本特性。面向对象程序设计的关键就是设计好一个个的类。类是一种抽象的数据类型，这种类型的特点是将客观世界中同一类事物的不同类型的数据及对这些数据的操作封装成一个整体，同一类事物中的某个具体的事物称为这类事物的一个实例，又称为这个类的一个对象。

　　本章主要介绍类的定义及类中各种数据成员和成员函数的定义及使用。

4.1　类的定义和一般调用

　　类封装了同一类对象的特征，包括数据特征和操作特征。所以类定义包括数据成员的定义和成员函数的定义，数据成员用于存储与类相关的属性，而成员函数实现了类所能提供的操作。通过定义类，可以将类的实现细节与接口分开，类的定义者必须考虑类的实现细节，而类的使用者更关心的是类的接口，即如何使用类。

4.1.1　类的定义

　　首先来看一个简单的类定义的例子。

　　【例 4-1】　下面是一个圆（Circle）类的简单定义。

```
// circle.h
class Circle{
  private:
    int r;
    double s;
  public:
    void Set_R(){
      cin>>r;
    }
    double Get_S();
};
double Circle::Get_S(){
  s=3.14*r*r;
  return s;
}
```

　　Circle 类用 class 声明，用一对大括号 {…} 括起的部分是类体部分，封装了圆的属性信息：半径 r 和面积 s，同时，Circle 类又封装了圆的方法：为半径赋值的函数 Set_R() 和计算圆面积的函数 Get_S()。

　　在声明一个类时，需要在类内声明函数的原型，而函数的实现部分可以放在类内定义，也可以放在类外定义。如果在类外定义，则必须用 < 类名 > 和作用域运算符 " :: " 加以限定。类的属性和方法在类中声明时，都有限定的访问权限。这些访问权限包括 private（私有的）、public（公有的）和 protected（受保护的）。

以下给出 C++ 中定义一个类的基本结构：

```
class 类名 {
private:
    // 私有的数据成员或成员函数
public:
    // 公有的数据成员或成员函数
protected:
    // 保护的数据成员或成员函数
};
```

类定义体现了面向对象封装性的一个条件，即有一个清楚的边界：从 class 保留字开始到结束。所有类的信息（包括属性和方法）都必须在类内声明。类的属性又称为数据成员，方法又称为成员函数。每个类可以没有成员，也可以有多个成员。

封装性的另外两个条件——确定的接口和受保护的内部实现是通过访问权限来实现的。访问权限限制了外界对类的数据成员和成员函数的访问。C++ 中共有三种类型的访问权限，即：公有类型（public）、私有类型（private）和保护类型（protected）。在设计类时，要根据类的成员对外界的开放程度设计类成员的访问权限，仅在类的私有部分定义数据成员，则后期对数据成员的修改不影响类的使用者，如果将数据都定义在类的公有部分，则一旦数据有所修改，则任何使用类的调用者都可能受到破坏。

公有类型（public）：用 public 限定的公有数据成员和成员函数对外界提供了公有接口，即 public 下定义的数据成员和成员函数在类外都可以访问到。所有来自外部的访问均通过公有接口进行。

私有类型（private）：用 private 限定的私有数据成员和成员函数是受保护的私有属性和方法，只允许本类的成员函数访问，类外部对私有数据成员和成员函数的访问是非法的。在访问权限省略时，默认为 private。

保护类型（protected）：用 protected 限定的保护数据成员和成员函数介于公有和私有类型之间，除了本类及派生类可以访问外，其他的类均不可访问。

一个类可以包含若干个公有部分、私有部分或保护部分。

类除了用 class 定义外，还可以用 struct 定义。与用 class 定义类不同的是，用 struct 定义类时，如果没有指明成员的访问权限，则默认为公有类型。例 4-1 用 struct 定义：

```
struct Circle
{
    int r;
    double s;
    void Set_R(){
        cin>>r;
    }
    double Get_S();
};
```

以上类中的数据成员和成员函数都没有用 private 限定，所以都是 public 属性。

4.1.2 一般数据成员的定义

类的数据成员定义类似于变量的定义，可以用基本数据类型和复合数据类型来定义类的数据成员，也可以用其他的对象作为类的数据成员。当定义类的对象时，该类的一般数据成员随之被创建，当类的对象被释放时，一般的数据成员也随之被释放，所以一般数据成员的作用域限定在这个对象内，生存期与这个对象的生存期是一样的。这里先通过具体的例子来描述数据成员的一般定义。

【例 4-2】 工人类 Worker 的定义。

```
class Worker{
//private:
    char Name[30];
    char Num[5];
    float Salary;
public:
    void Get_Message();
    void Show_Message();
};
```

Worker 类中定义了三个数据成员：Name, Num 和 Salary，分别对应于工人的姓名、编号和工资，其访问权限默认为私有的。

【例 4-3】 链表类 List 的定义。

```
struct Node
{
    int Data;
    Node *Next;
};
class List{
    Node *Head;
public:
    void Insert(int Data1);
    void Delete(int Data1);
    bool IsEmpty();
    void Clear();
    void Print();
};
```

链表类 List 中定义了一个数据成员 Head，它是一个指向结构体类型 Node 的指针。List 中定义了 5 个成员函数，其中 Insert() 用于向链表中插入一个节点；Delete() 用于从链表中删除指定的节点；IsEmpty() 用于判断链表是否为空；Clear() 用于清空链表；Print() 用于按序输出链表各节点的内容。

要注意的是，在定义数据成员时，不可以在类中直接对它们进行初始化。因为类仅仅是一个样板，在定义类的时候并没有为其中声明的数据成员分配内存空间。只有在创建类的实例时，才按照类中说明的数据成员的类型，为这些数据成员分配内存空间，从而才能对它们进行初始化。如下面类 A 的定义是非法的，原因就在于它在定义数据成员 a 的同时为 a 赋了初值：

```
class A{
    int a=1;
    public:
    ...
};
```

数据成员的初值可以用下面即将介绍的构造函数来给定。

4.1.3　一般成员函数的定义

类的成员函数如同一般函数的定义，只不过这些函数是对类中的数据成员进行操作，代表了类的对象的行为。这些函数的声明都在类内，但函数的实现部分既可以在类体的内部定义，也可以在类体的外部定义。如例 4-1 中，Set_R() 函数的实现部分放在类内定义，而 Get_S() 函数的实现部分放在类外定义。在类体外实现的成员函数，需要在函数名的前面加上作用域运算符"::"进行限定，用以指明定义的函数是哪个类的。如 Circle 类中 Get_S() 在类外的定义：

```
double Circle::Get_S(){
    s=3.14*r*r;
    return s;
}
```

要注意的是，带缺省值的成员函数在类体外实现时，缺省值不写。将 Circle 类中给半径赋值的函数 Set_R 稍加修改，将半径的键盘输入改为通过参数传递，也可以取默认的半径 2：

```
class Circle{
private:
    int r;
    double s;
public:
    void Set_R( int r1=2);
    double Get_S();
};
```

Set_R 在类外实现时，不可带缺省值：

```
void Circle::Set_R( int r1){
    r=r1;
}
```

若 Set_R 在类外实现时，带缺省值：

```
void Circle::Set_R( int r1=2){   // 此句有误
    r=r1;
}
```

则程序编译出现如下错误：

redefinition of default parameter(重复定义缺省参数)

有时候，我们可以看到程序中所有类外出现这样的定义：

```
::a=1 或 a=1;
::display(); 或 display();
```

表示 a 是全局变量，display() 是全局函数，不隶属于任何一个类。

一般来说，成员函数可以直接在类体内实现。在类体内实现的成员函数也称为内联函数。编译时，在类内定义的内联函数的函数体会直接插入到每一个调用它的地方，这样可以减少调用函数时的内存开销，同时增加了程序运行的速度。但其负面影响是增加了目标代码的长度，使程序的可读性降低。减轻这种负面影响的做法是将不频繁调用或实现代码较长的成员函数放在类外实现，而只将简短的或是频繁调用的成员函数放在类内实现，或者使用关键字 inline 显式地声明内联函数，即在类外定义内联函数。例如：

```
inline void Circle::Set_R()
{
    cin>>r;
}
```

这样做的结果，不仅保持了 Set_R() 作为内联函数的本质，而且增加了程序的可读性。

至此介绍了两种内联函数，即类内定义的内联函数和类外用 inline 定义的内联函数。

inline 的使用是有所限制的。首先，inline 只适合代码简单的函数使用，不能包含复杂的结构控制语句（如 while 语句和 switch 语句）；其次，内联函数本身不能是直接递归函数（在函数体内还调用自己的函数）；最后，内联函数体内的语句数量应尽可能少，一般不要超过 5 行。

最后提醒：类的成员函数必须在类中声明过，在类外定义才有效，先声明再定义。类的成员函数调用时，先在类中找到成员函数的声明原型，再根据原型找到成员函数的定义即实现部分加以执行。

4.1.4　类的调用

对类的调用，其实是对类的成员的调用，主要是公有成员的调用。类是一个抽象的概念，用户定义了一个类，就相当于自定义了一个新的数据类型，可以像使用一般数据类型定义变量一样定义具体的对象，类的实例就相当于类的变量。在调用前，用类定义实例，编译系统就会为每个实例预留内存空间。所以类的调用其实是通过实例调用它的公有成员函数和数据成员。

对象（实例）的定义格式为：

类名　对象名 1，对象名 2，……；

也可以是：

class 类名　对象名 1，对象名 2，……；

可以看出，对象的定义如同变量的定义一样，可以用类名定义多个对象，各对象间用半角的逗号"，"隔开。对象名可以是一般的对象，也可以是指向对象的指针或引用，还可以是对象数组。例如，用 Worker 类定义的对象：

```
Worker w1, *w2, w[20];
Worker &w3=w1;
```

这儿一共定义了 21 个对象：w1, w[0], w[1], ……, w[19] 和一个指向 Worker 对象的指针 w2，w3 是 w1 的别名，与 w1 共用一段存储单元。

对象的成员函数的调用形式如下

对象名 . 函数名（实参表）；
或：对象指针 -> 函数名（实参表）；

【例 4-4】　设计前面定义的 Circle 类的主函数，实现对 Circle 类的调用。

```
#include <iostream >
#include "Circle.h"                    // 包含定义类的头文件
using namespace std;
int main(){
    Circle myCircle;
    myCircle.Set_R();
```

```
cout<<myCircle.Get_S()<<endl ;
Circle *yourCircle=new Circle;
yourCircle->Set_R();
cout<<yourCircle->Get_S()<<endl;
Circle &hisCircle=myCircle;
hisCircle.Set_R();
return 0;
}
```

在定义一个类后，最好设计一个验证性的主函数，用来验证类中定义的成员，主要是成员函数的正确性。所以在设计主函数时，应尽可能实现对所有定义的成员函数的调用。主函数实现了以后，就可以对完整的程序进行编译、调试并运行，从而可以观察结果的正确性。

对 Circle 类的调用是对 Circle 类中定义的成员函数的调用，首先要用类名定义 Circle 类的对象。例 4-4 在主函数 main() 中定义了圆对象 myCircle 和圆对象 yourCircle，它们分别调用成员函数 Set_R()，通过键盘输入给半径赋值，并且分别调用 Get_S() 函数计算输出圆的面积。hisCircle 是 myCircle 的别名。

4.1.5　用访问控制实现信息隐藏

程序设计中，信息隐藏是指在设计和确定模块时，使得一个模块内包含的特定信息（数据和函数等），对于其他模块来说，是不可访问的。面向对象程序设计中，对类的数据成员和成员函数的访问控制可以实现信息隐藏。用 class 声明类时，在类外（包括主函数和其他类等）只能直接访问到类中 public 限制的数据成员和成员函数，其他的数据成员和成员函数都不可直接访问，就好比是隐藏在类中。我们把 public 限制的类成员称为公有接口。利用类的这种特性，可以有意识地将实现细节隐藏，将用户不关心的或不便于对用户公开的信息用 private 限制，而提供给用户简单的公有接口调用。例如：

```
#include <iostream>
using namespace std;
class Factorial{
  private:
    int factorial(int n){
      int result=1;
      for(int i=1;i<=n;i++)
        result*=i;
      return result;
    }
  public:
    void GetFact(int i){
      cout<<i<<"!="<<factorial(i);
    }
};
int main(){
   Factorial myFact;
   myFact.GetFact(4);
   return 0;
}
```

这个程序是求 n 的阶乘，在这个例子中，函数 factorial 用限制符 private 加以限制，因此如何求阶乘的过程被隐藏了，主函数通过公有接口函数 GetFact 直接获得了阶乘的值。公有接口和私有实现的分离也有利于修改或扩充类的功能，私有实现改变了，但只要公有接口不变，用户的调用不需要改变。后面的章节还会学到用纯虚函数来实现类中另一种信息隐藏。

4.2 特殊的数据成员和成员函数

4.2.1 构造函数和析构函数

变量的初始化是指在定义变量的同时，给它赋以初值。例如，"int a=1;"或"int a(1);"定义了整型变量 a，同时给 a 赋以初值 1。类是一个抽象的概念，不是实体，不可以在声明时对其数据成员初始化。如下是错误的：

```
class Circle{
    int r=1;                    // 错误，不可以在这儿初始化
    double s;
public:
    void Set_R( int r1=2);
    double Get_S();
};
```

定义类的对象时，可以对其进行初始化，称为对象的初始化，对象的初始化其实是给对象的属性赋初值。因为对象的属性较多，而且一般是私有的（private），因此不能像给变量赋初值那样直接用赋值号为对象的属性赋初值。在面向对象程序设计中，为对象的属性赋初值这样的对象初始化工作一般由构造函数来完成。在对象的生命期结束前，还应对数据成员作一些清理工作，如释放申请的内存空间等，对象的清理工作由析构函数来完成。构造函数和析构函数是对象的两个特殊的函数，也是两个重要的成员函数。

1. 构造函数

构造函数的定义格式为：

```
类名 ( 形参 ) {
    ......
};
```

构造函数的特点是：

1）构造函数的名字与类名相同。

2）构造函数前没有返回类型。

这里要提醒注意的是：没有返回类型与返回类型为空在函数定义时是不一样的，返回类型为空的函数的返回类型应该为 void。

3）构造函数定义在 public 下。

例如，下面的语句定义了 Circle 的对象 myCircle1，且给其半径赋初值 2：

```
Circle myCircle1(2);
```

与该语句对应，在 Circle 类中应该定义有构造函数 Circle(int r1);

```
class Circle{
  private:
    int r;
    double s;
  public:
    Circle(int r1) { r=r1; }            // 构造函数
```

```
    void Set_R()  { cin>>r; }
    double Get_S();
};
```

4）当用类名定义类的对象（实例）时，构造函数由系统自动调用。

例如，程序执行到 " Circle myCircle1(2);" 语句时，自动调用构造函数 Circle(int r1)，将 2 传递给形参 r1，然后通过赋值语句 "r=r1；" 将 2 赋给数据成员 r。

5）在没有显式地定义构造函数前，系统已经隐式地自动生成了一个不带参数的缺省构造函数。例如，定义 Circle 类：

```
class Circle{
public:
    void set_R();
};
```

则系统会隐式地自动生成构造函数：

```
Circle(){ };
```

当用类生成对象时，自动调用该缺省构造函数。例如：

```
Circle myCircle;
Circle *yourCircle=new Circle;
```

则 myCircle 和 yourCircle 都自动调用不带参数的隐式构造函数。

6）当显式地定义了带参构造函数后，系统默认的无参构造函数不再起作用。所以，如果定义了不带初始值的类的实例，却没有显式地定义不带参数的构造函数，编译时程序就会出错。

```
class Circle{
 private:
    int r;
    double s;
 public:
    Circle(int r1) { r=r1; }                    // 构造函数
    void Set_R()  { cin>>r; }
    double Get_S();
};
int main(){
    Circle myCircle;
    myCircle.Set_R();
    cout<<myCircle.Get_S()<<endl;
    return 0;
}
```

此例编译时出现如下错误：

```
no appropriate default constructor available
```

出错原因就在于程序定义了带参数的构造函数 " Circle(int r1);" 所以系统默认的不带参数的构造函数不再起作用，而主函数 main() 中的对象定义语句：

```
Circle myCircle;
```

会自动调用不带参数的构造函数，但因没有调用成功，所以出错。

避免出错的方法是总是显式地定义一个不带参数的构造函数。

对于无参构造函数调用时，还需要注意的是：调用时不要写括号，否则也会出错。例如：

```
Circle myCircle();                          // 产生错误
```

7）一个类中可以有多个函数名相同，参数特征不同的构造函数，即构造函数可以重载。但每个对象仅仅是在定义时自动调用其中一个构造函数且在其生命周期仅调用一次。

```
class Circle{
 private:
   int r;
   double s;
 public:
   Circle() { };                          // 不带参数的构造函数
   Circle(int r1) { r=r1; }               // 带一个参数的构造函数
   void Set_R(int r1) { r=r1; }
   double Get_S();
};
```

以上 Circle 类的两个构造函数 Circle() 和 Circle(int r1)，函数名相同但参数不同，它们满足重载条件，所以是重载函数。

以下定义的几个类的实例分别自动调用不带参数的构造函数和带有参数的构造函数。

自动调用不带参数的构造函数：

```
Circle myCircle;
```

自动调用不带参数的构造函数：

```
Circle *yourCircle=new Circle;
```

自动调用带一个参数的构造函数：

```
Circle my1Circle(2);
```

8）构造函数可以通过构造函数初始化列表给其数据成员赋值：

```
class A{
    int a;
    int b;
public:
    A(int i,int j): b(j),a(i)
    {    }
    ......
};
```

构造函数初始化列表实现对数据成员的初始化，这种方法不在函数体内而是在构造函数首部的末尾对数据成员初始化。构造函数的初始化列表是一个以冒号开始，以逗号分隔的数据成员列表，每个数据成员名后面跟一个圆括号，括号内放该数据成员的初始值或初始化表达式，如 a(i)、b(j)。

每个数据成员在初始化列表中只能初始化一次，数据成员在初始化列表中的书写顺序无关紧要，但初始化列表对数据成员初始化的执行次序就是类中定义数据成员的次序。如 A(int i, int j): b(j), a(i) 对数据成员的初始化次序为 a, b 的定义次序：先把 a 初始化为 i, 然后将 b 初始化为 j。

```
class A{
    int a,b;
```

```
public:
    A(int i):b(i),a(b){}
    void Output(){ cout<<"a="<<a<<" b="<<b<<endl; }
};
int main(){
  A myA(1);
  myA.Output();
  return 0;
}
```

结果：a=-858993460 b=1

出现以上结果的原因就在于初始化列表的执行顺序，先对 a 用 b 初始化，再初始化 b，这显然是有问题的，因为在用 b 初始化 a 时 b 自己还未初始化。

另外，构造函数如果在类外实现，类内声明时不带初始化列表，实现时才有。例如：

```
class A{
    int a,b;
public:
    A(int i);                        // 类外实现，此外不带初始化列表
    void Output(){ cout<<"a="<<a<<" b="<<b<<endl; }
};
A::A(int i):b(i),a(b){}
```

9）构造函数中可以使用默认参数值。

下列两个构造函数：

```
Circle() { };                    // 不带参数的构造函数
Circle(int r1) { r=r1; }         // 带一个参数的构造函数
```

可以合二为一：

```
Circle(int r1=0){
    r=r1;
}
```

主函数中定义如下对象以实现构造函数的自动调用：

```
Circle myCircle;                 // 半径取默认值为 0
Circle myCircle1(2);             // 半径取值为 2
```

定义带默认参数值的构造函数时要注意调用时的歧义性。若类 Circle 中同时定义了下列两个构造函数：

```
Circle();                        // 不带参数的构造函数
Circle(int r1=0);                // 带一个参数的构造函数
```

则如果在主函数中定义：

```
Circle myCicle;
```

在调用时会产生调用的歧义性：call of overloaded 'Circle()' is ambiguous

10）拷贝构造函数

构造函数进行初始化时，可以用一个类的对象初始化该类的另一个对象，这样的构造函数称为拷贝构造函数。例如：

```
Circle(Circle &myc){
  r=myc.r;
}
```

Circle(Circle &myc) 是一个拷贝构造函数。拷贝函数必须使用对象的引用作为参数，为防止改变原有对象，经常用 const 限定待拷贝的对象，如上拷贝构造函数改为：

```
Circle(const Circle &myc)
```

在 C++ 中，一个类中定义的成员函数可以访问该类任何对象的私有成员，所以上述拷贝构造函数中可以直接使用 myc.r。以下是关于拷贝构造函数使用的完整例子：

```
class A{
    int a;
public:
    A(int i):a(i){}
    A(const A &myA){ a=myA.a; }
    void Output(){ cout<<a<<endl; }
};
int main(){
    A testA1(1);
    A testA2(testA1);
    testA2.Output();
    return 0;
}
```

2. 析构函数

析构函数主要是在一个对象的生命周期结束前清理这个对象所占有的资源。析构函数是"反向"的构造函数，它的作用正好与构造函数相反，一般用于清除类的对象。当一个类的对象超出它的作用域时，对象所在的内存空间被系统回收；或者当在程序中用 delete 删除对象时，析构函数将自动被调用。对一个对象来说，析构函数是最后一个被调用的成员函数。

析构函数的定义格式为：

```
~ 类名(){
    ......
};
```

析构函数的特点包括：

1）函数名由"~"和类名组成。

2）不带形参。

3）没有返回值。

4）定义在公有部分 public 下。

5）在对象使用结束前由系统自动调用。

6）如果没有显式定义，系统自动生成一个缺省的析构函数。

【例 4-5】　析构函数的调用。

```
// testClock.cpp
#include <iostream>
using namespace std;
class Clock{
 private:
```

```
    int *Hour;
 public:
    Clock(int *New_Hour){          // 构造函数
       Hour=new int;
       *Hour=*New_Hour;
    }
    void ShowTime();
    ~Clock(){                      // 析构函数
        delete Hour;
    }
};
void Clock::ShowTime(){
    cout<<"The hour:"<<*Hour;
}
int main(){
    int n=9;
    Clock myClock(&n);
    myClock.ShowTime();
    return 0;
}
```

以上 Clock 类的属性 Hour 是指针类型，它在使用前需要申请内存空间，使用后要释放内存空间。一般，对象中数据申请的内存空间释放都在析构函数中进行，也就是在对象结束前完成申请的内存空间的释放。

有时候，析构函数因为执行顺序的特殊性，也用来特殊设计为程序结束运行的提示等。例如：

```
~Circle(){
    cout<<"This is the end of Circle."<<endl;
}
```

【例 4-6】 下列程序模拟实现集合的输入 / 输出功能。集合的一个重要特点是集合中的元素都不相同。

```
#include <iostream>
using namespace std;
const int MAXNUM = 100;
class Set {
private:
    int num;                       // 元素个数
    char setdata[MAXNUM];          // 字符数组，用于存储集合元素
public:
    Set(char *s);                  // 构造函数，用字符串 s 构造一个集合对象
    bool InSet(char c);            // 判断一个字符 c 是否在集合中
    void Print() const;            // 输出集合中所有元素
};
Set::Set(char *s){
    num = 0;
    while (*s){
        if (!InSet(*s) )           // 测试元素在集合中不存在
            setdata[num++]=*s;     // 加入元素至集合中
        s++;
    }
}
```

```
bool Set::InSet(char c){
    for (int i=0; i<num; i++)
      if (setdata[i]==c)              //测试元素c是否与集合中某元素相同
        return true;
    return false;
}
void Set::Print() const{
  cout << "Set elements: " << endl;
  for(int i=0; i<num; i++)
    cout<<setdata[i]<<' ';
  cout<<endl;
}
int main(){
  char s[MAXNUM];
  cin.getline(s, MAXNUM-1);           //从标准输入中读入一行
  Set setobj(s);
  setobj.Print();
  return 0;
}
```

4.2.2 常数据成员

如果数据在程序中不能随意改变，则可以将其定义为常量，这样的数据成员称为常数据成员，如出生日期等。在类中，可以用 const 修饰数据成员，以保证该数据成员的值一旦确定后不可以被修改。

在使用常数据成员时，要注意的一点是不允许在类中对 const 数据成员直接初始化，原因很显然，前面也说过在定义类的数据成员时不允许直接初始化，必须通过构造函数对数据成员初始化。为什么呢？因为类的属性值一旦确定，它就是一个具体的对象了，即使是常数据成员，在定义类时它的值也无法确定下来。

常数据成员赋值的正确做法是：

1）将常数据成员作为一般的常量，定义常数的语句放在类外，通常是放在头文件中。

2）使用构造函数的初始化列表获得初值。当创建该类的实例时由系统自动调用构造函数，完成对数据成员的初始化。

【例 4-7】 常量 PI 的赋值放在类外进行。

```
// testConstPI1.cpp
#include <iostream>                   //for cout 输出
using namespace std;
const float PI=3.14;
class Circle{
    int r;
 public:
  Circle(int r1 ) { r=r1; }
  void  Print(){ cout<< PI*r*r <<endl; }
};
int main(){
  Circle s(2);
  s.Print();
  return 0;
}
```

PI 作为一个一般的常数，放在类外定义，其值为 3.14。

【例 4-8 】 常数据成员 PI 的初始化。

```cpp
// testConstPI2.cpp
#include <iostream>                              // for cin & cout
using namespace std;
class Circle{
    const float PI;                             // 定义常数据成员 PI
int r;
    double s;
public:
    Circle(float p):PI(p) {   }                 // 通过构造函数的初始化列表给 PI 赋值
    Circle(float p, int r1):PI(p){
        r=r1;
    }
    void Set_R(){
        cin>>r;
    }
    double Get_S(){
        s=PI*r*r;
        return s;
    }
};
int main(){
    Circle myCircle(3.14);
    myCircle.Set_R();
    cout<<myCircle.Get_S()<<endl ;
    Circle *yourCircle=new Circle(3.1416);
    yourCircle->Set_R();
    cout<<yourCircle->Get_S()<<endl;
    Circle myCircle1(3.14, 4);
    cout<<myCircle1.Get_S()<<endl;
    Circle *yourCircle1=new Circle(3.14159, 5);
    cout<<yourCircle1->Get_S()<<endl;
    return 0;
}
```

常数据成员 PI 的值是在定义 Circle 类的对象时，通过自动调用构造函数完成的。

4.2.3　静态数据成员和静态成员函数

C++ 中的全局数据对于任何一个类的对象或其他源程序文件来说都是同等的，它的定义与 C 语言中全局数据的定义一样，放在所有类和函数的外面。

如果在一个源程序文件（.cpp 文件）中定义了一个全局变量，在其他源文件中要用时，必须对这个数据加上 extern 说明。如在 a.cpp 中定义的全局变量 pi，如果在 b.cpp 中要使用该变量，则利用 extern float pi 说明：

```cpp
// a.cpp
float pi;
// b.cpp
extern float pi;
```

使用全局数据会带来不安全性，因为全局数据在整个程序内都是可见的，在程序中任何地方都可以改变它，一旦不小心改错了，将会影响到整个程序的运行结果。另外，全局数据破坏了面向对象程序设计的信息隐藏，与面向对象程序设计的封装性是矛盾的。

C++ 提出了静态数据成员的概念，将全局数据的共享缩小为同一个类不同对象之间的数据共享。静态数据成员的值对同一个类的每个对象都是一样的，一旦某个对象中对静态数据成员的值进行了更新，则所有对象都会访问到更新后的值。

静态数据成员的定义格式为：

```
static <数据类型> <静态数据成员名>;
```

在定义类的数据成员时，在前面加上关键字 static，该数据成员就成了静态数据成员。静态数据成员具有如下性质：

1）它是某个类的所有对象都共同享有的数据成员。

静态数据成员独立于类的任意对象而存在，它与类关联，而不是与类的对象关联。

2）静态数据成员是静态存储的，所以必须对它进行初始化。静态数据成员的初始化与一般数据成员的初始化不同：

首先，静态数据成员的初始化在类体外进行，而前面不加关键字 static，以避免与一般静态变量或对象混淆；

其次，初始化时不加该成员的访问权限控制符 private，public 等；

再次，初始化时要使用作用域运算符来标明它所属的类。

因此，静态数据成员初始化的格式如下：

```
<数据类型> <类名> ::<静态数据成员名> = <值>;
```

3）静态数据成员的引用方式。

静态数据成员可以定义为 private 或 public。如果静态数据成员定义为 public，则可直接引用，格式为：

```
    <类名>::<静态数据成员名>
或: <对象名>.<静态数据成员名>
或: <对象指针>-><静态数据成员名>
```

如果定义为 private，则只有通过公共接口函数引用。

【例 4-9】 统计一个类产生的对象的总数。

```cpp
// countObjNum1.cpp
#include <iostream>
using namespace std;
class Student{
 public:
    static int CountS;          // 用来计算已生成的对象的总数
    Student(){
        CountS++;
    }
};
int Student::CountS=0;          // 静态数据成员的初始化
int main(){
    Student Student1,Student2;
    cout<<"The Number is : "<<Student::CountS<<endl;
    return 0;
}
```

结果：

```
The Number is: 2
```

此例中定义了静态数据成员 CountS，就好比定义了 Student 类的所有实例的一个全局变量，它的值在类体外初始化为 0，并在构造函数中改变。每定义 Student 类的一个实例时，由于会自动调用构造函数，因此 CountS 在原值基础上都自动加 1。因为主函数中定义了 Student 的两个实例 Student1 和 Student2，共自动调用了两次构造函数，所以 CountS 的值为 2。

【例 4-10】 统计一个类产生的对象的总数，并将静态数据成员定义为私有属性。

```cpp
// countObjNum2.cpp
#include <iostream>
using namespace std;
class Student{
  private:
     static int CountS;              //定义为私有
 public:
    Student(){
        CountS++;
    }
    int GetC(){
        return CountS;
    }
};
int Student::CountS=0;              //初始化
int main(){
    Student Student1,Student2;
    cout<<"The Number is: "<<Student1.GetC()<<endl;
    return 0;
}
```

此例中，CountS 被定义为私有的静态变量，所以在类体外部的主函数 main() 中无法直接引用它。类中为此设计了 GetC() 接口函数，用来返回 CountS 的当前值，GetC 接口函数定义为公有的，可以在类体外主函数中通过对象调用。

也可以定义类的静态成员函数：

```
static < 成员函数 >
```

静态成员函数即在一般的成员函数前加上关键字 static。static 成员函数没有 this 指针，因为它不是任何对象的组成部分。它可以直接访问所属类的 static 成员，但不能直接访问非 static 成员。static 成员函数在类体外实现时前面也不加 static。另外，static 成员函数不能用 const 修饰，也不能声明为虚函数（多态性一章将学习）。

4.2.4　对象成员

定义了一个类，就定义了一个新的数据类型。在定义新类时，同样可以用已经定义的类来定义新类的数据成员，即以一个类的对象作为另一个类的数据成员，这样的数据成员称为对象成员，这种类之间的关系称为类嵌套。类嵌套可以用比较简单的对象以某种方式组合实现复杂的对象，复杂对象与组成它的简单对象之间的关系是组合关系，也称为"整体 - 部分"的关系。

【例 4-11】 对象间组合关系的例子。

```cpp
class Date{
    int Month, Day, Year;
```

```
public:
    Date(int m1,int d1,int y1) ;
};
class People{
    char Name[10];
    char Addr[30];
    Date Birthday;
public:
    ......
};
```

如上，Date 是日期类，Birthday 是 Date 类的对象，People 类中包含了 Birthday 作为它的数据成员，所以 Birthday 称为对象成员，People 和 Date 之间反映了一种聚合关系。其对象模型图 4-1 所示。

又如：

图 4-1　聚合关系例图

```
class Point{
    int x,y;
  public:
    Point(int x1,int y1): x(x1),y(y1){}
    ......
};
class Circle{
    Point position;
    ......
};
```

使用对象成员的关键问题是如何完成对象成员的初始化工作。具体做法是在引用类的构造函数时，在参数表后写上冒号:对象成员名及初值表。此处一定要注意：是对象成员名而非类名! 冒号:后面的部分是对象成员的初始化列表。如果类中含有多个对象成员，则各对象成员的初始化列表用逗号隔开，对象成员名后括号内的初值表给出了初始化对象成员所需要的数据值，它们可以是常量，也可以是通过类构造函数传递的实参值。例如：

```
class Date{
    int Month, Day, Year;
public:
    Date(int m1,int d1,int y1);            // Date 构造函数
    Date(Date &d) ;                        // 拷贝构造函数
......};
class People{
    char Name[10];
    char Addr[30];
    Date Birthday;
public:
    People(char *name1, char *addr1):Birthday(3, 25, 1971){
    // 初始化 1
        strncpy(Name,name1,10);
        strncpy(Addr,addr1,30);
    }
    People(char *name1, char *addr1, int mn, int dy, int yr)
            :Birthday(mn, dy, yr){
    // 初始化 2
        strncpy(Name,name1,10);
        strncpy(Addr,addr1,30);
```

```
    }
    People(char *name1, char *addr1,Date &d):Birthday(d){
    //初始化3
        strncpy(Name,name1,10);
        strncpy(Addr,addr1,30);
    }
    ......

};
```

对象成员的初始化是通过调用对象成员的构造函数来完成的。带有对象成员的类实例初始化时先对对象成员初始化，然后对剩下的数据成员初始化。如"初始化1"通过调用Date的构造函数给Birthday的数据成员Month, Day和Year分别赋值为3，25和1971。"初始化2"语句中，Birthday的初始化是在创建People类的实例时，调用People的构造函数。People类的构造函数首先去调用Date的构造函数Date(int m1, int d1, int y1)，为对象成员Birthday的Month, Day和Year分别初始化为mn, dy和yr的值，然后再对People的Name，Addr进行初始化。

下面来分析两个People类实例的创建语句：

1）People w1("Zhangsan", "Beijing", 3, 25, 71); 的调用过程为：定义People类实例w时，自动调用构造函数：

```
People(char *name1, char *addr1, int mn, int dy, int yr):Birthday(mn, dy, yr)
//初始化2
{
    strncpy(Name,name1,10);
    strncpy(Addr,addr1,30);
}
```

由该构造函数先自动通过Birthday(mn, dy, yr)调用Date的构造函数，然后执行People类的构造函数体，分别给Name和Addr赋值。

2）People w2("Lisi", "Shanghai"); 的调用过程为：定义People类实例w2时，自动调用构造函数：

```
People(char *name1, char *addr1):Birthday(3, 25, 1971);
//初始化1
{
    strncpy(Name,name1,10);
    strncpy(Addr,addr1,30);
}
```

由该构造函数先自动通过Birthday(3, 25, 1971)调用Date的构造函数，然后执行People类构造函数，分别给Name和Addr赋值。与（1）不同的是，此处是用常量3, 25, 1971分别给Birthday的数据成员Month, Day, Year赋值。

3）Date d(3, 25, 1971); People w3("Wangwu", "Guangzhou",d); 的调用过程为：定义People类实例w3时，自动调用构造函数：

```
People(char *name1, char *addr1,Date &d):Birthday(d)
    //初始化3
{
    strncpy(Name,name1,10);
    strncpy(Addr,addr1,30);
}
```

由该构造函数先自动通过 Birthday(d) 调用 Date 的拷贝构造函数 Date(Date &d)，然后执行 People 类构造函数，分别给 Name 和 Addr 赋值。

完整的程序如下：

```cpp
// source.h
#include <iostream>
#include <string>
using namespace std;
class Date{
    int Month, Day, Year;
 public:
    Date(int m1,int d1,int y1){
        Month=m1;
        Day=d1;
        Year=y1;
    }
    Date(Date &d){                    // 拷贝构造函数
      Month=d.Month;
      Day=d.Day;
      Year=d.Year;
    }
    int M() { return Month; }
    int D() { return Day;   }
    int Y() { return Year;  }
};
class People{
    char Name[10];
    char Addr[30];
    Date Birthday;
public:
    People(char *name1, char *add1);
    People(char *name1,char *addr1,int mn,int dy,int yr);
    People(char *name1, char *addr1,Date &d);
    void Show_Message();
};
People::People(char *name1, char *addr1):Birthday(3, 25, 1971){
    strncpy(Name,name1,10);
    strncpy(Addr,addr1,30);
}
People::People(char *name1,char *addr1,int mn,int dy,int yr):Birthday(mn,dy,yr){
    strncpy(Name,name1,10);
    strncpy(Addr,addr1,30);
}
People::People(char *name1, char *addr1,Date &d):Birthday(d){
    // 初始化 3
        strncpy(Name,name1,10);
        strncpy(Addr,addr1,30);
}
void People::Show_Message(){
    cout<<Name<<":"<<Addr<<":"<<Birthday.M();
    cout<<"-"<<Birthday.D()<<"-"<<Birthday.Y()<<endl;
}
// source.cpp
#include "source.h"
int main(){
```

```
    People w("Zhangsan","Beijin",3,25,71);
    w.Show_Message();
    return 0;
}
```

4.3 对象数组和常对象

4.3.1 对象数组

　　类是一种自定义的数据类型，在定义了一个类以后，也可以如普通数组一样使用类名来定义一组对象，这组对象称为对象数组。对象数组的定义方式与普通数组的定义非常相似，但需要注意的是对象数组元素的初始化。

　　一维对象数组的定义格式为：

　　　　类名　数组名 [下标表达式]

【例 4-12】　对象数组的定义及初始化。

```
class Clock{
    int Hour, Minute, Second;
public:
    Clock(){
        Hour=0;
        Minute=0;
        Second=0;
    }
    Clock(int New_Hour, int New_Minute, int New_Second){
        Hour=New_Hour;
        Minute=New_Minute;
        Second=New_Second;
    }
    Clock(int New_Hour , int New_Minute =0, int New_Second =0){
        Hour=New_Hour;
        Minute=New_Minute;
        Second=New_Second;
    }
    ......
};
```

　　下面来看定义对象数组的几个例子，注意当构造函数有多个参数时，对象数组如何实现初始化：

　　1）Clock myclock[3]; 定义了 3 个对象数组元素 myclock[0], myclock[1] 和 myclock[2]，分别使用不带参数的构造函数初始化，对象数组的 3 个数组元素，其数据成员的初始状态都是：

```
Hour=0;
Minute=0;
Second=0;
```

　　2）Clock myclock[]={Clock(9,55,0),Clock(11,30,0)}; 定义了 2 个对象数组元素 myclock[0] 和 myclock[1]，分别调用带三个参数的构造函数，初值分别为：

```
myclock[0].Hour=9;  myclock[0].Minute=55; myclock[0].Second=0;
myclock[1].Hour=11; myclock[1].Minute=30; myclock[1].Second=0;
```

3）Clock myclock[4]={6,7,8,9}；定义了 4 个对象数组元素 myclock[0], myclock[1], myclock[2], myclock[3]，分别调用带缺省值的构造函数，初值分别为

```
myclock[0].Hour=6; myclock[0].Minute=0; myclock[0].Second=0;
myclock[1].Hour=7; myclock[1].Minute=0; myclock[1].Second=0;
myclock[2].Hour=8; myclock[2].Minute=0; myclock[2].Second=0;
myclock[3].Hour=9; myclock[3].Minute=0; myclock[3].Second=0;
```

4.3.2　const 对象

在 4.2.2 节中曾介绍了如何使用 const 说明常数据成员，const 也可以用来说明对象。用 const 说明的对象，称为常对象，其任何数据成员都不能被修改。常对象的说明格式为：

const ＜类名＞ ＜对象名＞(实参 1，实参 2，…，实参 n)

为了安全正确地使用 const 对象，应将 const 对象调用的成员函数说明为 const 成员函数（只读成员函数），让 const 对象只能调用 const 成员函数。

只读成员函数的定义方法为：在普通成员函数的后面加上 const。

【例 4-13】　const 对象的例子。

```cpp
// testConstObj.cpp
#include <iostream>
using namespace std;
class AA{
    int a,b;
public:
    AA(int a1,int b1){
        a=a1;
        b=b1;
    }
    void Show(){                          //成员函数
        cout<<"1:"<<a<<","<<b<<endl;
    }
    void Show() const{                    //const 成员函数
        cout<<"2:"<<a<<","<<b<<endl;
    }
};
int main(){
    AA MyA1(10,20);
    const AA MyA2(40,50);
    MyA1.Show();
    MyA2.Show();
    return 0;
}
```

程序运行结果为：

```
1: 10, 20
2: 40, 50
```

此例子中，MyA2 是 const 对象，它只能调用 const 成员函数。

4.4　自引用指针 this

类的成员函数作为代码，与类的对象是分开存放的，它在内存中只有一份拷贝，当类的

不同对象调用时，它怎么知道是对哪个对象进行操作？C++ 为非静态的成员函数提供了一个名字为 this 的指针作为隐含的形参，这个指针称为自引用指针。当创建一个类的对象时，系统就会自动生成一个 this 指针，并且把 this 指针的值初始化为该对象本身。当非静态成员函数通过某个对象被调用时，this 就是指向这个对象的地址，即 this 指针其实就是一个对象的起始地址。

【例 4-14】 this 的含义。

```cpp
// testthis.cpp
#include <iostream>
using namespace std;
class A{
    int a;
public:
    A(int a1){
        a=a1;
    }
    void show(){
        cout<<"this="<<this<<" a="<<a<<endl;
    }
};
int main(){
    A Mya(1);
    A Youra(2);
    Mya.show();
    Youra.show();
    return 0;
}
```

运行结果为：

```
this=0X0012FF7C a=1
this=0X0012FF78 a=2
```

上述结果表明：this 指针的值对于不同对象是不一样的。Mya 对象在内存中的起始地址为 0X0012FF7C（this 指针的值），Youra 对象在内存中的起始地址为 0X0012FF78（this 指针的值）。当对象 Mya 调用 show() 时，this 表示的是对象 Mya。当对象 Youra 调用 show() 时，this 表示的是对象 Youra。正是由于 this 指针，才使得类的成员函数知道是对类的哪个对象进行操作。

this 最通常的用途是用于限定被相似名称隐藏的成员或将一个对象作为整体引用而不是引用对象的一个成员时。

下例中的 this->x = x 即是用于限定被相似名称隐藏的成员的一个例子：赋值号前的 x 是数据成员，赋值号后的 x 则是函数的形参；为避免构造函数中将前一个 x 误认为是形参 x，则用 this 指针进行限定：this->x，即表示此 x 为当前对象的数据成员 x。"this->y = y；"具有相同的解释。

【例 4-15】 自引用指针用于限定具有相同名称的成员。

```cpp
class Myclass{
    int x;
    int y;
public;
```

```
     Myclass(int x,int y){
         this->x=x;
         this->y=y;
     }
};
```

如果在程序中调用：

```
Myclass  b(2,3);
```

则在程序执行时，对象 b 的 this 指针指向 b。

【例 4-16】 自引用指针用于对象的整体引用。

```
class Myclass{
    int x;
    int y;
public:
    Myclass(int x=0,int y=0){
        this->x=x;
        this->y=y;
    }
    void Assign(Myclass &a){
        if(this==&a)
            cout<<"the same!"<<endl;
        else
            *this=a;
    }
    void Display(){
        cout<<"x="<<x<<endl;
        cout<<"y="<<y<<endl;
    }
};
int main(){
    Myclass my(1,2);
    my.Assign(my);
    my.Display();
    return 0;
}
```

程序运行结果为：

```
the same!
x=1
y=2
```

void Assign(Myclass &a) 成员函数的作用是将一个已知对象 a 的值通过语句 " *this=a;"
拷贝给当前对象（调用此 Assign 函数的对象，此例子为对象 my），如果 a 对象就是当前对象
（if(this==&a)），则不进行拷贝。此例子实现对象的整体引用（比较和赋值），必须借助于 this
指针表示对象本身。

【例 4-17】 返回 *this。

```
class Complex{
 private:
   double real, imag;
 public:
```

```
    Complex(double r=0.0, double i=0.0){
        real=r;
        imag=i;
    }
    Complex Add(Complex c1, Complex c2);
    double GetR(){ return real;}
    double GetI(){ return imag; }
};
Complex Complex::Add(Complex c1, Complex c2){
    real=c1.real+c2.real;
    imag=c1.imag+c2.imag;
    return *this;
}
int main(){
    Complex c1(7, 8), c2(3, 2), c3;
    cout<<c3.Add(c1,c2).GetR()<<"  "<<c3.Add(c1,c2).GetI();
    return 0;
}
```

上述程序中，成员函数"Complex Add(Complex c1, Complex c2);"的返回类型是Complex，即返回调用 Add 的对象本身。Add 函数中通过"return *this;"语句返回 this 指向的对象，即对象本身。

4.5　封装机制的破坏之友元

我们知道，能够直接访问类的私有成员的只有该类中声明的成员函数，其他类或函数要想访问类的私有成员，必须通过类的接口函数。类的封装机制保证了类的完整性和安全性，但如果有时为了访问类的私有成员而需要在程序中多次调用公有成员函数的话，则会因为频繁调用带来较大的时间和空间开销，从而降低程序的运行效率。例如，下例中计算屏幕上两点间距离的例子。

【例 4-18】 计算屏幕上两点间的距离。

```
// testDist.cpp
#include <iostream>
#include <cmath>
using namespace std;
class Point{
    double x,y;
public:
    Point(double Nx,double Ny){
        x=Nx;
        y=Ny;
    }
    double GetX() { return x; }
    double GetY() { return y; }
};
double Distance(Point &p, Point &q){
    return sqrt((p.GetX()-q.GetX())*(p.GetX()-q.GetX())+
                (p.GetY()-q.GetY())*(p.GetY()-q.GetY()));
};
int main(){
    Point P1(2,3);
    Point P2(4,5);
```

```
    cout<<"the distance is :"<<Distance(P1, P2)<<endl;
    return 0;
}
```

为了计算两点之间的距离，需要调用 Point 类的成员函数 GetX() 和 GetY() 来得到 (x, y) 的值。如果这种操作用于曲线拟合这种需要频繁计算两点间距离的软件中，则时间开销之大可想而知。因此如果 Distance() 函数能够直接取得 (x, y) 的值，则不但可以减少调用的开销，而且可以增加程序的可读性。能否让类外的 Distance() 函数直接读取 Point 类的私有数据成员 (x, y)？友元机制为这种需求提供了支持。

所谓友元是指不是类的成员但却能够访问到类中封装的所有数据的函数或类。如果友元是函数则称为友元函数，如果友元是类则称为友元类，友元类的所有成员函数都是友元函数。友元好比是在一个密闭的包装上打了个小小的孔，通过这个小孔可以看到类的内部属性，所以它破坏了类的封装机制，降低了类使用的安全性。但为了提高程序运行的效率，很多情况下这种小的破坏也是需要的，只是使用的时候要找到一个平衡点，即在高效率和高安全性之间进行取舍。

友元函数不是类的成员函数，但它对类的成员的访问能力与类的成员函数完全一致。它可以在类中任意位置（公有段或私有段）说明，函数前用关键字 friend 修饰。

友元函数的定义格式为：

friend 函数返回类型 函数名 (形参表) ;

【例 4-19】 利用友元函数计算两点间距离。

```
// testDist2.cpp
#include <iostream>
#include <cmath>
using namespace std;
class Point{
    friend double Distance(Point &p, Point &q);
    double x,y;
public:
    Point(double Nx,double Ny){
        x=Nx;
        y=Ny;
    }
};
double Distance(Point &p,Point &q){
    return sqrt((p.x-q.x)*(p.x-q.x)+(p.y-q.y)*(p.y-q.y));
};
int main(){
    Point P1(2,3);
    Point P2(4,5);
    cout<<"the distance is :"<<Distance(P1,P2)<<endl;
    return 0;
}
```

调用友元函数时，必须在它的实参表中给出要访问的对象，如上例中的 Distance() 函数，调用时的实参为 P1 和 P2。

一个类的成员函数也可以作为另一个类的友元函数，只要在声明类的成员函数时，将其声明为另一个类的友元函数，即在函数名前加上 < 类名 >:: 加以限制。

如果要将一个类的所有成员函数都作为另一个类的友元，则可以把这个类声明为另一个类的友元，称为友元类。

【例 4-20】 友元类。

```cpp
// testFriendClass.cpp
#include <iostream>
using namespace std;
class A{
    int x;
    friend class B;
public:
    A(){ x=2; }
};
class B{
    A a;
public:
    int GetX() { return a.x; }
};
int main(){
    B myB;
    cout<<myB.GetX()<<endl;
    return 0;
}
```

在上例中，类 B 是类 A 的友元类，所以类 B 的成员函数 GetX() 成为类 A 的友元函数。在定义 A 的对象 a 时，调用 A 的构造函数，给对象 a 的数据成员 x 赋值为 2。主函数 main 中对象 myB 的 GetX() 函数直接访问了 a 的私有数据成员 x，因此程序的输出结果为 2。

习题

1. 什么是封装？封装有什么作用？在 C++ 中如何定义类？说明类的属性和变量之间以及类的方法和函数之间的区别。
2. 比较类的访问权限 public，private 之间的差别。
3. 什么是构造函数？什么是析构函数？各有什么作用？
4. 写出 Test 类中对应下面调用的构造函数和析构函数。

```cpp
Class Test{
    int i,j,k;
};
Test t1;
Test t2(2,3,4);
```

5. 什么是类的内联函数？如何定义类的内联函数？
6. 类的一般数据成员和静态数据成员有何不同？C++ 中如何实现同一个类的所有对象之间的数据共享，如何实现不同类的所有对象之间的数据共享。
7. 什么是友元？使用友元各有什么利弊？
8. 举例说明 this 指针有什么作用。
9. 写出下列程序的执行结果：

1）
```cpp
#include <iostream>
using namespace std;
class point{
    int x, y;
```

```
public:
    point(int x1=10, int y1=10){
        x=x1;   y=y1;
    }
    int getx(){ return x; }
    int gety(){ return y; }
};
int main(){
    point p1, p2(20, 20);
    cout<<"p1 的坐标: "<<p1.getx()<<" "<<p1.gety()<<endl;
    cout<<"p2 的坐标: "<<p2.getx()<<" "<<p2.gety()<<endl;
    return 0;
}
```

2)
```
#include <iostream>
 using namespace std;
class TT{
    static int r;
    int a, b;
public:
    TT(int i, int j){
        a=i;
        b=j;
        r++;
    }
    int Getr() { return a+b+r; }
};
int TT::r=0;
int main(){
    TT  t1(2, 3);
    cout<<t1.Getr()<<endl;
    TT t2(3, 4);
    cout<<t2.Getr()<<endl;
    return 0;
}
```

3)
```
#include <iostream>
using namespace std;
class PP{
  public:
    PP(){
        x=2;
        y=3;
    }
    PP(int i, int j){
        x=i;
        y=j;
    }
    void MessageS(){
      cout <<"x="<<x<<",y="<<y<<endl;
    }
  private:
    int x, y;
};
int main(){
    PP  *p1=new PP;
```

```
      PP p2(3, 4);
      p2.MessageS();
      p1->MessageS();
      return 0 ;
   }
```

4）
```
#include <iostream>
using namespace std;
class test{
 private:
    int num;
    float fl;
 public:
    test( );
    int getint( ) {  return num; }
    float getfloat( ) { return fl; }
    ~test( );
};
test :: test(){
    cout<<"lnitalizing default"<<endl;
    num=0;
    fl=0.0;
}
test :: ~test(){
     cout<<"Desdtructor active"<<endl;
}
int main( ){
    test array[2];
    cout<<array[1].getint()<<array[1].getfloat()<<endl;
    return 0;
}
```

10. 确定题中涉及的类，仅写出类的定义：在屏幕上给定圆心坐标处画一个半径为 5 的圆，并在此圆心坐标处画一条弧，弧的起始角度和结束角度相差 100 度，半径是圆半径的 2 倍。

11. 设计一个类 Ctime，其数据包括时、分、秒，要求满足如下要求：
    1）要求一个无参数的构造函数，其初始的数据为 0；
    2）要求一个带一个参数的构造函数，其参数分别对应时、分或秒；
    3）要求一个带三个参数的构造函数，实现时、分、秒的设置。
    设计主函数，实现各种可能的调用，并进行单步调试，观察调用的构造函数执行情况。

12. 从键盘上读入一批数，读到 0 停止。计算其中输入的正数和负数的个数。

13. 编写程序，求点到直线的距离。

14. 编写程序，计算两个给定长方形的面积，并在设计两个长方形的总面积计算的函数 add 时，用对象作为参数。

15. 编写程序，输出不及格学生的学号、姓名和成绩。假定学生人数不超过 10。

16. 定义一个 student 类，包含数据成员 Num（学号）、Name（姓名）、Chinese（语文）、Maths（数学成绩）和 English（英语成绩）和 Total（总成绩），其中总成绩是各成绩之和。写出完整的类定义，并在主函数中实现对类的调用。

17. 说明下列程序的功能，并将程序修改为能动态存入和输出上题中学生的信息。

```
#include <iostream>
using namespace std;
class MyClass {
```

```cpp
public:
    MyClass(int len) {
        array = new int[len];
        arraySize = len;
        for(int i = 0; i < arraySize; i++)
            array[i] = i+1;
    }
    ~MyClass(){
        delete []array;
    }
    void Print() const{
        for(int i = 0; i < arraySize; i++)
            cout << array[i] << ' ';
        cout << endl;
    }
private:
    int *array;
    int arraySize;
};
int main(){
    MyClass obj(5);
    obj.Print();
    return 0;
}
```

实验：类的定义及调用

实验目的

1. 熟悉类的定义及使用
2. 熟悉构造函数、析构函数及执行过程
3. 熟悉类的各种调用方法（类作为对象成员、动态调用、对象数组、const 对象）

实验任务及结果

1. 通过一个简单的程序熟悉类的定义及使用：

已知矩形的长和宽，设计类用来求矩形的面积及周长。要求写出所有可能的构造函数形式并实现对它们的调用。

2. 工人的总工资由固定工资、工龄工资和工时工资组成。编写程序实现工人工资的计算。建立对象数组，内放 4 个工人的数据，批量实现对所有工人总工资的输出。要求将类的定义放在头文件（worker.h 文件）中，将类的实现放在实现文件（worker.cpp 文件）中。

3. 编写日期类 Date，它有三个数据：Year, Month 和 Day。涉及的操作有构造函数、数据赋值、输出数据的值。在题 2 中给工人类加入生日 Birthday 属性，并对其用 const 修饰，Birthday 的数据类型为 Date。实现对工人类的动态调用。

第5章 继 承 性

继承是面向对象程序设计的重要特点之一。面向对象程序设计方法与传统的面向过程程序设计方法的显著差别，就是充分利用了继承机制，其优点是提高了软件的可重用性。

继承性体现在基类和派生类的关系上。本章主要讲述在 C++ 中如何定义派生类和基类、派生类对象的初始化以及多重继承等。

5.1 继承与派生的概念

可以直接获得另一个类（称为基类）的性质和特征，而不用重新定义它们，并在此基础上建立新的类（称为派生类），这就是继承。继承使得派生类不需要重复基类中已有的属性和行为，而只需要在基类的基础上加上满足新类特定要求所需要的新成员。

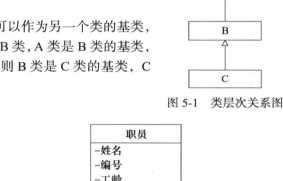

基类和派生类的关系是相对的，派生类可以作为另一个类的基类，如图 5-1 所示的类层次关系图中，A 类派生出 B 类，A 类是 B 类的基类，B 类是 A 类的派生类，而 B 类派生出 C 类，则 B 类是 C 类的基类，C 类是 B 类的派生类。

图 5-1 类层次关系图

通常我们将具有直接继承关系的两个类（如 A 类和 B 类，B 类和 C 类）称为直接基类和直接派生类。没有直接继承关系，但是属于类等级层次中的两个类（如 A 类和 C 类）称为间接基类和间接派生类。直接基类又称为基类，直接派生类又称为子类。

如果一个派生类只有一个直接基类，则称这种继承方式为单重继承；如果一个派生类有两个或两个以上的直接基类，则称这种继承方式为多重继承。

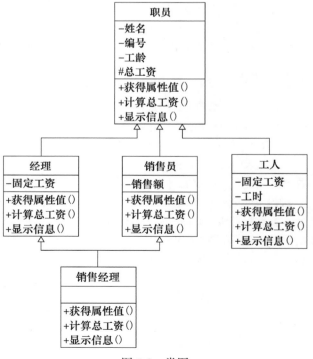

例如，图 5-2 的类图，其中职员类是经理、销售员和工人的直接基类，经理、销售员和工人都只有职员一个基类，它们都具有职员的公共属性：姓名、编号、工龄和总工资。不同的职员还有自己特有的属性，经理有属性"固定工资"，销售员有属性"销售额"，工人有属性"固定工资"和"工时"。职员和经理之间，职员和销售员之间，职

图 5-2 类图

员和工人之间是一种单重继承的关系。销售经理有两个直接基类：经理和销售员，经理、销售员和销售经理之间是一种多重继承的关系，销售经理兼有经理和销售员的属性。

5.2 派生类的定义格式及其继承方式

基类的定义和使用方式与单个类是一致的，派生类除了具有基类的特征外，在定义格式上必须突出直接基类。定义基类时，要注意的是基类成员权限的设计：对于禁止派生类访问的成员应该设为 private，只对派生类提供访问的成员设计为 protected，而对外界提供的接口设计为 public。

5.2.1 派生类的定义格式

单重继承派生类的定义格式为：

```
class <派生类名>: [<继承方式>] <基类名>{
    <派生类新定义>
};
```

其中，<继承方式>规定了从<基类>继承的数据成员和成员函数在派生类中及类外如何访问。共有三种继承方式，选择其一：

● public——公有继承。
● private——私有继承。
● protected——保护继承。

如果不给出继承方式，则默认为 private。

派生类可以继承基类中除了构造函数和析构函数以外的所有成员。

【**例 5-1**】 如果 A 是基类，B 是 A 的派生类，那么 B 将继承 A 的数据成员和成员函数。

```
class A{
    int a;
public:
    void Func1(void);
    void Func2(void);
};
class B:public A{
    int b;
public:
    void Func3(void);
    void Func4(void);
};
```

类 B 具有四个成员函数：Func1(void)，Func2(void)，Func3(void)，Func4(void)，其中 Func1(void)，Func2(void) 是从类 A 继承而来。如图 5-3 所示。

【**例 5-2**】 职员类和工人类的定义。

```
class Employee{                          //职员类
 protected:
    char Name[30];
    char Num[5];
    int Work_Age;
    float Total_Salary;
```

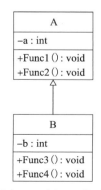

图 5-3 例 5-1 类图

```
public:
    void Get_Message();
    void Show_Message();
};
class Worker:public Employee{     // 工人类
    float Salary;
    int Work_Hour;
public:
    Worker(){};
    void Get_Message();
    void Pay();
    ~Worker(){};
};
```

派生类 Worker 具有如下属性：Name, Num, Work_Age, Salary, Work_Hour 和 Total_Salary。除构造函数和析构函数外，Worker 类具有成员函数 Get_Message(), Pay() 和 Show_Message()。

继承有效地模拟了实际生活中的许多关系，如人与男人，交通工具与汽车等。继承特性使得我们可以重复使用已经编写好的代码和设计好的数据结构，而且如果将相关的数据和代码集中放在基类中，会使程序更易于维护。上述优点使得继承在程序设计中得到了普遍使用。但在使用继承时，要防止乱用"继承"，以下是使用继承时要注意的几点：

1）继承是派生类继承了基类除构造函数和析构函数以外的所有的数据成员和成员函数。虽然基类中有些数据可能在派生类中根本用不到，但因为派生类不能选择继承，所以也必须继承过来。这就要求我们在设计基类时尽可能考虑完全。

2）如果类 A 和类 B 毫不相关，则不可以为了使 B 拥有更多无关的功能而让 B 继承 A。

例如，墙壁和白纸本身是不相关的事物，但不能为了让墙壁的功能更强些（写字）而继承白纸的功能。

3）如果类 B 有必要使用类 A 的功能，则要分两种情况考虑：

①若在逻辑上 B 是 A 的"一种"（a kind of），则允许 B 继承 A 的功能。

例如，人（Human）、男人（Man）和男孩（Boy），男人是一种人，男孩是男人的一种，所以人与男人，男人与男孩之间是一种继承关系。

```
class  Man:public Human{

};
class Boy:public Man{

};
```

②若在逻辑上 A 是 B 的"一部分"（a part of），则不允许 B 继承 A 的功能，而是要用 A 和其他类共同组合得到 B。例如，眼（Eye）、鼻（Nose）、口（Mouth）、耳（Ear）是头（Head）的一部分，所以类 Head 应该由类 Eye、Nose、Mouth、Ear 组合而成，它们之间是一种组合关系，而不是继承关系，如图 5-4 所示。

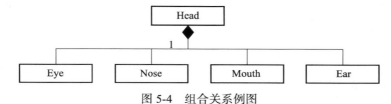

图 5-4　组合关系例图

```
class Head{
 private:
    Eye m_eye;
    Nose m_nose;
    Mouth m_mouth;
    Ear m_ear;
 public:
    void Look(void) {
       m_eye.Look();
}
    void Smell(void) {
       m_nose.Smell();
    }
    void Eat(void) {
       m_mouth.Eat();
     }
    void Listen(void) {
       m_ear.Listen();
    }
};
```

5.2.2　继承方式

虽然派生类继承了基类几乎所有的成员，但基类成员被派生类继承后，其访问属性与原来在基类中的访问属性是否一致？这就要看定义派生类时对基类继承方式的限定以及该成员在基类中原有的权限。表 5-1 是不同继承方式下基类成员在派生类中的访问权限。

表 5-1　不同权限的基类成员在派生类中的访问权限

继承方式　　　　　基类权限	public	protected	private
public	public	protected	不可访问
protected	protected	protected	不可访问
private	private	private	不可访问

如果是公有继承（public），则基类成员保持自己原有的访问级别不变：原为公有成员（public）仍为公有（public）；原为保护（protected）仍为保护（protected）；

如果是保护继承（protected），则基类的公有成员（public）和保护成员（protected）在派生类中为保护成员（protected）；

如果是私有继承（private），则基类的所有成员在派生类中为私有成员（private）。

以下是继承时要注意的事项。

（1）区分好类内访问权限与类外访问权限

一个类的所有数据成员与成员函数对类内的成员函数可见，访问权限限制符限制类的数据成员和成员函数是否可以供类外访问。继承方式限定的是基类的成员在派生类中的访问权限，即基类成员被派生类继承后，在派生类外是否可以访问。需要注意的是：虽然派生类可以继承基类中除了构造函数和析构函数以外的所有成员，但不管继承方式如何，基类的私有成员只供基类类内访问，派生类成员函数不能直接访问基类的私有成员。

【例 5-3】　基类私有成员不可直接访问。

```
#include <iostream>
```

```
using namespace std;
class Graph{
private:
    int X,Y;
public:
    Graph(){
        X=1;   Y=2;
    }
    void Showxy(){
        cout<<X<<Y;
    }
};
class Rectangle:public Graph{
private:
    int H,W;
public:
    Rectangle(){
      H=2;
      W=3;
    }
    void Show(){
        cout<<X<<Y<<H<<W;   //访问 Graph 中的私有属性，不合法
    }
};
```

　　类 Rectangle 继承了类 Graph 的成员，所以 X、Y、H、W 的地位应该是同等的，但类 Rectangle 的成员函数 Show() 中却不可以直接显示 X 和 Y 的值，因为它们在基类 Graph 中是私有的，因此在 Rectangle 中是不可见的。要想在派生类中实现对基类私有成员的访问，如果不想改变私有成员的访问权限，则可以通过调用公有接口函数 Showxy() 来实现，如下所示重新定义 Show() 函数：

```
void Show(){
     Graph::Showxy();
     cout<<H<<W;
   }
```

　　（2）派生类进一步限制了对所继承的基类成员的访问

　　如果继承方式是私有的，则不管基类中的成员是公有的访问权限还是保护的访问权限，被派生类继承过来后权限全部变为私有，对类外都不可见了，如果继承方式是保护的，则基类的成员除私有成员外，其他的被派生类继承后都变为保护的。

　　（3）基类保护成员（protected）是实现继承机制下信息隐藏的最好方法

　　访问权限修饰符 protected 使得基类中能被派生类访问的成员在继承后仍能被后继子孙访问，而不被外界访问。利用保护访问的这种特点，可以实现类层次结构中数据共享与信息隐藏的双重功效。如上例，要想在类 Rectangle 中同时显示 X、Y、H、和 W 的值，则可以在定义类 Graph 时，将 X 和 Y 定义为 protected，这样基类 Graph 中的 X 和 Y 在派生类 Rectangle 中是可见的，但它们对于主函数和其他类则是不可见的，从而既实现了信息共享又实现了信息隐藏。信息共享是继承链上数据的共享，信息隐藏指的是链外信息的不可见性。

　　（4）覆盖与继承

　　如果基类和派生类中有同型的数据成员和成员函数，则派生类中将只能访问到派生类定

义的成员。

【**例 5-4**】 覆盖。

```
class A{
protected:
    int a;
public:
    A(){
        a=1;
    }
};
class B:A{
    int a;
public:
    B(){
        a=2;
    }
    void disp(){
        cout<<a<<endl;
    }
};
int main(){
    B b;
    b.disp();
    return 0;
}
```

程序运行结果:

```
2
```

因为 A、B 中都定义了同型的数据成员 a, 所以 B 中的 a 覆盖了 A 中的 a。如果将 B 改为:

```
class B:A{
    int b;
public:
    B(){
        b=2;
    }
    void disp(){
        cout<<a<<endl;
    }
};
```

则输出结果为:

```
1
```

如果想得到 A 中的 a, 将 B 中 disp() 改为:

```
void disp(){
    cout<<A::a<<endl;
}
```

利用派生类与基类数据成员和成员函数同名或同型覆盖的特点, 当基类中继承过来的成员函数不合要求时, 可以在派生类中定义一个同型的成员函数, 以代替继承过来的成员函数。

同型的含义是函数头部分相同。如下例：

```
class Employee{      // 职员类
   char Name[30];
   char Num[5];
 public:
   void Get_Message(){
     cin>>Name>>Num;
 }
   void Show_Message(){
     cout<<Name<<Num;
   }
};
class Worker:public Employee{      // 工人类
   float Salary;
 public:
   void Get_Message(){
     Worker:: Get_Message();
     cin>>Salary;
     }
   void Pay();
   void Show_Message(){
     Worker:: Show_Message()
     }
 };
int main(){
  Worker w1;
  w1. Get_Message();
  w1. Show_Message();
 return 0;
}
```

职员类 Employee 中的 Get_Message() 和 Show_Message() 成员函数在其派生类 Worker 中都有同型的成员函数，所以主函数调用 Get_Message() 和 Show_Message() 时调用的是派生类 Worker 中的 Get_Message() 和 Show_Message()。

【例 5-5】 给出下列程序的对象模型图，说明程序中的调用语句哪些是错误的。

```
#include <iostream>
using namespace std;
class Base{
public:
    int a1;
protected:
    int a2;
private:
    int a3;
};
class B1:public Base{
  public:
    void disp1(){
     cout<<a1<<a2<<a3<<endl;        //①
     }
};
class B11:public B1{
 public:
```

```
        void disp11(){
          cout<<a1<<a2<<a3<<endl;        //②
         }
};
class B2:private Base{
 public:
    void disp2(){
      cout<<a1<<a2<<a3<<endl;          //③
       }
};
class B22:public B2{
   public:
    void disp22(){
      cout<<a1<<a2<<a3<<endl;               //④
       }
};
class B3:protected Base{
 public:
    void disp3(){
      cout<<a1<<a2<<a3<<endl;                    //⑤
       }
};
class B33:public B3{
   public:
    void disp33(){
      cout<<a1<<a2<<a3<<endl;                    //⑥
       }
};
int main(){
    B11 b1;
    cout<<b1.a1<<b1.a2<<b1.a3<<endl;      //语句1
    B22 b2;
    cout<<b2.a1<<b2.a2<<b2.a3<<endl;      //语句2
    B33 b3;
    cout<<b3.a1<<b3.a2<<b3.a3<<endl;      //语句3
    return 0;
}
```

图 5-5 是该程序对应的对象模型图。

此例为多级派生。对于多级派生中各成员的访问权限遵循同样的原则分析。例 5-5 中程序的错误分析：

1）按照基类中私有成员在基类外不可访问的原则，以上所有派生类和主函数输出语句中的 a3 私有数据成员不可直接输出。

2）类 B1、B2、B3 继承了 Base 的数据成员，Base 中除私有数据成员 a3 外，其余的在 B1，B2 和 B3 中都可访问。

3）能在主函数中"看得见"的属性，只有对象的公有属性。语句 1 中，b1 是 B11 的实例，B11 公有继承了 B1，而 B1 公有继承了 Base，所以 b1 的公有属性 a1 在主函数中可见，其他不可见。

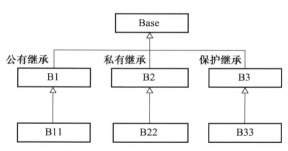

图 5-5　例 5-5 的对象模型图

4）除 1）外，输出语句 2 中 a1, a2 不可直接输出，因为 B2 私有继承 Base，a1, a2 的访问权限在 B2 中都变成 private，在 B22 中不可见，在主函数中不可见。

5）除 1）外，输出语句 3 中 a1, a2 不可直接输出，因为 B3 是保护继承于 Base, Base 中的公有和保护属性 a1, a2 在 B3 中都成为保护，在 B33 中可见，但在主函数中不可见。

【例 5-6】 本程序中加下划线的数据都是不可见的，必须从程序中去掉。

```cpp
#include <iostream>
using namespace std;
class Base{
public:
    int a1;
protected:
    int a2;
private:
    int a3;
};
class B1:public Base{
   public:
    void disp1(){
      cout<<a1<<a2<<a3<<endl;
      }
};
class B11:public B1{
   public:
    void disp11(){
      cout<<a1<<a2<<a3<<endl;
      }
};
class B2:private Base{
   public:
    void disp2(){
      cout<<a1<<a2<<a3<<endl;
      }
};
class B22:public B2{
   public:
    void disp22(){
      cout<<a1<<a2<<a3<<endl;
      }
};
class B3:protected Base{
   public:
    void disp3(){
      cout<<a1<<a2<<a3<<endl;
      }
};
class B33:public B3{
  public:
    void disp33(){
      cout<<a1<<a2<<a3<<endl;
      }
};
int main(){
   B11 b1;
```

```
    cout<<b1.a1<<b1.a2<<b1.a3<<endl;        //语句 1
    B22 b2;
    cout<<b2.a1<<b2.a2<<b2.a3<<endl;        //语句 2
    B33 b3;
    cout<<b3.a1<<b3.a2<<b3.a3<<endl;        //语句 3
    return 0;
}
```

5.3　派生类对象的初始化

　　定义了一个派生类后，它将继承基类中除构造函数和析构函数外的全部成员。因此当生成派生类的一个对象时，该对象不仅包含派生类中说明的数据成员，还包含基类中继承的全部数据成员。派生类对象初始化时，既要对派生类本身说明的对象初始化，还要对基类继承来的数据成员初始化。派生类对象的初始化是通过调用派生类构造函数来完成的。

　　C++ 语言定义派生类构造函数的格式如下。

格式一：

派生类构造函数名（参数表）：基类构造函数名（参数表）；

格式二：

派生类构造函数名（参数表）：基类构造函数名（参数表），对象成员名（参数表）；

其中，在冒号 " : " 后面的部分是对基类构造函数的调用和对象成员的初始串列，当派生类中含有对象成员时，使用格式二对派生类各数据成员进行初始化。

　　【例 5-7】　派生类数据成员的初始化。

```
class Base{
    int p1,p2;
public:
    Base(int a,int b){
        p1=a;
        p2=b;
    }
    Base(int a){
        p2=a;
    }
};
class Derived:Base{
    int p3;
    Base obj1,obj2;            //对象成员
public:
    Derived(int x1, int x2, int x3,int x4, int x5)
            : Base(x1, x2), obj1(x3,x4), obj2(x2){
        p3=x5;
    }
};
int main(){
    Derived d(27, 28, 100, 200, -50);
    return 0;
}
```

　　本例中，派生类 Derived 的构造函数，既包含对基类 Base 数据成员的初始化，还包含派生类 Derived 中说明的对象 obj1 和 obj2 的初始化。定义 Derived 类的对象 d 时，自动调用构

造函数，通过其构造函数，以基类名 Base 和对象成员名 obj1 和 obj2，间接调用 Base 的构造函数，结果把各项数据初始化为：

```
p1=27, p2=28, obj1.p1=100, obj1.p2=200, obj2.p2=28, p3=-50
```

关于派生类对象的初始化，需要说明以下几点：

1）在派生类构造函数的初始串列中，使用基类类名来调用基类构造函数，使用对象成员名来调用内层类的构造函数。如例子中派生类 Derived 的构造函数 Derived() 通过基类名 Base 调用 Base 类的构造函数，通过对象成员名 obj1 和 obj2 调用 Base 类的构造函数：

```
Derived(int x1, int x2, int x3, int x4, int x5): Base(x1, x2), obj1(x3, x4),
obj2(x2);
```

2）当使用基类或内层类的带参数的构造函数来完成基类成员或对象成员的初始化时，即使派生类构造函数本身无需完成任何工作（函数体为空），也必须定义派生类的构造函数。例如：

```
class Base{
    int p1,p2;
public:
    Base(int a,int b){
        p1=a;   p2=b;
    }
};
class Derived:Base{
public:
    Derived(int x1, int x2):Base(x1, x2)
    {        }
    ...
};
int main(){
    Derived d(27,28);
    return 0;
}
```

本例中，派生类 Derived 除继承了基类 Base 的数据成员外，没有派生新的数据成员，所以其构造函数的函数体为空，但其构造函数不可省略，因为 Derived 类继承过来的数据成员 p1, p2 只能通过其初始化列表调用 Base 类的构造函数完成初始化工作。

3）如果在定义派生类构造函数时省略基类初始串列，则意味着调用基类的不带参数的构造函数来初始化基类成员。在这种情况下，如果基类中只定义了带参数的构造函数，而没有定义无参数或全部参数都有默认值的构造函数，则在编译时会产生编译错误。例如：

```
class Base{
    int p1, p2;
public:
    Base(int a, int b){
        p1=a;
        p2=b;
    }
};
class Derived:Base{
    int p3;
```

```
public:
    Derived(int x1){          // 派生类构造函数
        p3=x1;
    }
};
int main(){
    Derived d(27);
    return 0;
}
```

本例中，派生类的构造函数没有显式地调用基类构造函数，因此默认为调用基类 Base 的不带参数的构造函数 Base()，但基类 Base 中只定义了带参数的构造函数 Base(int a, int b)，因此编译时产生编译错误：

```
no appropriate default constructor available.
```

4）派生类构造函数的执行顺序是：先父母（先执行基类构造函数），再客人（再初始化对象成员），最后自己（最后初始化派生类本身的普通数据成员）。多个对象成员，按其定义先后初始化。如例 5-7 中，构造函数 Derived：

```
Derived(int x1, int x2, int x3, int x4, int x5): Base(x1, x2), obj1(x3, x4),
obj2(x2){
    p3=x5;
}
```

上面程序段的执行顺序为：

先由 Base(x1, x2) 调用基类的构造函数，再由 obj1(x3, x4) 和 obj2(x2) 分别调用基类对应的构造函数，最后执行 p3=x5。

5）派生类构造函数在类外实现时，在类内只写出构造函数的声明。如上例，派生类 Derived 的构造函数类外实现。

```
class Base{
    int p1,p2;
public:
    Base(int a,int b);
    Base(int a);
};
class Derived:Base{
    int p3;
    Base obj1,obj2;       // 对象成员
public:
    Derived(int x1, int x2, int x3,int x4, int x5);
};
Derived::Derived(int x1, int x2, int x3,int x4, int x5)
        : Base(x1, x2), obj1(x3,x4), obj2(x2){
    p3=x5;
}
```

注意：派生类析构函数的执行顺序与派生类构造函数的执行顺序刚好相反，先执行派生类析构函数，再执行基类析构函数。

【例 5-8】 继承和静态成员。

```
#include <iostream>
```

```
using namespace std;
class S{
    static int CountS;     // 定义为私有
public:
    S(){
        CountS++;
    }
    int GetC(){
        return CountS;
    }
};
int S::CountS=0;
class T:S{

};
int main(){
    S s1,s2;
    T t;
    cout<<"The Number is: "<<s1.GetC()<<endl;
    return 0;
}
```

程序运行结果:

```
The Number is:3
```

因为基类 S 中定义了静态数据成员 CountS，静态数据成员在内存中单独开辟一个空间存放，对于整个继承层次来说，只有一个这样的成员，所以它的值无论何时改变，共享它的对象的值跟着改变。

5.4 多重继承

5.4.1 多重继承的定义格式

在多重继承情况下，派生类有多个直接基类，其定义格式为:

```
class <派生类名>: [<继承方式 1>] <基类名 1>, [<继承方式 2>] <基类名 2>……
{
    <派生类新定义>
};
```

在派生类的定义中，多个基类之间用逗号隔开，每个基类都有一种继承方式，继承方式与单重继承相同，有公有继承 public，保护继承 protected，私有继承 private。派生类与各个基类之间的关系分别可看作是一个单重继承。

例如，销售经理类作为经理类和销售员类的派生类。

```
class Sell_Manager:public Sell, public Manager{
    ......
};
```

5.4.2 多重继承的初始化

在多重继承下，派生类的构造函数与单重继承下派生类的构造函数相似，其区别在于多重继承构造函数的成员初始化列表中应包含所有基类的构造函数，如果其中有所省略，则意味着调用基类的无参构造函数。其定义格式如下：

<派生类构造函数名>（参数表）：<基类名 1>（参数表 1），<基类名 2>（参数表 2），…，<对象成员名>（参数表 *n*）

多重继承派生类构造函数的执行顺序如下：

1）所有基类的构造函数（多个基类的构造函数的调用，以定义派生类的基类的顺序为准）。

2）对象成员的构造函数。

3）派生类的构造函数。

派生类析构函数的执行顺序与构造函数的执行顺序恰好相反。

【例 5-9】 分析下列程序的输出结果，验证多重继承派生类构造函数和析构函数的执行顺序。

```cpp
#include <iostream>
using namespace std;
class Base1{
    int b1;
public:
    Base1(int i){                                      //调用 3
      b1=i;
        cout<<"Constructor Base1.b1="<<b1<<endl;
    }
    ~Base1(){                                          //调用 5
        cout<<"Destructor Base1.b1="<<b1<<endl;
    }
};
class Base2{
    int b2;
public:
    Base2(int i){                                      //调用 2
        b2=i;
        cout<<"Coustructor Base2.b2="<<b2<<endl;
    }
    ~Base2(){                                          //调用 6
        cout<<"Destructor Base2.b2="<<b2<<endl;
    }
};
class Derived:public Base2, public Base1{
    int b3;
    Base1 bs;
public:
    Derived(int d1,int d2,int d3,int d4):Base1(d1),Base2(d2),bs(d3)    //调用 1
    {
        b3=d4;
        cout<<"Construcotr Derived.b3="<<b3<<endl;
    }
    ~Derived(){                                        //调用 4
        cout<<"Destructor Derived.b3="<<b3<<endl;
    }
};
int main(){
```

```
    Derived dd(1, 2, 3, 4);                    // 语句 1
    return 0;
}
```

程序执行语句 1 时，调用 Derived 的构造函数（调用 1），通过调用 1 先调用基类的构造函数：按定义派生类 Derived 时基类的顺序，首先调用 Base2 的构造函数（调用 2），然后调用 Base1 的构造函数（调用 3），然后通过对象成员名 bs 调用 Base1 的构造函数（调用 3），最后执行 Derived 构造函数的函数体。派生类析构函数的执行顺序刚好相反，先执行 Derived 的析构函数的函数体（调用 4），再通过对象成员名 bs 调用 Base1 的析构函数（调用 5），然后调用 Base1 的析构函数（调用 5），最后调用 Base2 的析构函数（调用 6）。

程序运行结果为：

```
Constructor Base2.b2=2
Constructor Base1.b1=1
Constructor Base1.b1=3
Construcotr Derived.b3=4
Destructor Derived.b3=4
Destructor Base1.b1=3
Destructor Base1.b1=1
Destructor Base2.b2=2
```

5.4.3 多重继承的二义性

二义性是指无法确定性或非唯一性。多重继承中可能会出现两种二义性：一种是同名引起的二义性，另一种是公共基类带来的二义性。二义性可以通过使用作用域运算符 :: 和虚基类来解决。

1. 同型引起的二义性

在多重继承情况下，如果派生类的不同基类中含有同型成员，则这些成员都会被派生类所继承，此时如果在派生类中简单地通过名字来使用这些成员，就会产生二义性。

【例 5-10】 改正下列程序，以消除同名引起的二义性。

```
class X{
protected:
    int a;
public:
    void make(int i) { a=i; }
};
class Y{
protected:
    int a;
public:
    void make(int i) { a=i; }
};
class Z:public X,public Y{
public:
    int make()    {
        return a;                        // 二义性 1
    }
};
int main(){
    Z zobj;
```

```
    zobj. make(10);                    // 二义性 2
    cout<<zobj.make()<<endl;
    return 0;
}
```

在上面的程序中，二义性 1 处的 a 可以是基类 X 的数据成员 a，也可以是基类 Y 的数据成员 a，因此程序编译到此处时将产生二义性错误："error C2385:'z::a' is ambiguous."。

在上面的程序中，二义性 2 处的 make() 函数对应的原型是 void make(int i)，在基类 X 和基类 Y 中各有一个此原型的函数，因此程序编译到此处时也将产生二义性错误。

为了避免二义性，当在派生类中使用不同基类的同名成员时，必须在成员名之前用基类名 :: 来限定，以明确指出所使用的成员是从哪个基类继承来的。

例如，对上面程序中存在的二义性可以进行如下修正：

二义性 1 处语句改为："return X::a;" 或 "return Y::a;"。

二义性 2 处语句改为："zobj.X::make(10);" 或 "zobj.Y::make(20);"。

2. 公共基类带来的二义性

由于一个类可以多次成为同一个派生类的间接基类，因此，如果在几条继承路径中有一个公共基类，则处在这几条继承路径汇合处的那个派生类，将继承到这个公共基类的几组数据成员，如果从不同路径继承过来的公共基类的数据成员取值不同，则必然产生二义性。为了消除因公共基类而引出的二义性问题，同样可以使用基类名加 :: 来限定可能具有二义性的成员名。

【例 5-11】 公共基类带来的同名二义性。

```cpp
#include <iostream>
using namespace std;
class Base{
protected:
    int a;
public:
    Base(int i){
        a=i;
    }
};
class Derived1:public Base{
    int d1;
public:
    Derived1(int p1,int p2):Base(p1){
        d1=p2;
    }
};
class Derived2:public Base{
    int d2;
public:
    Derived2(int x1,int x2):Base(x1){
        d2=x2;
    }
};
class DD:Derived1, Derived2{
public:
    DD(int i1, int i2, int i3, int  i4)
        :Derived1(i1, i2), Derived2(i3, i4){ };
```

```
    void display(){
        cout<<a<<endl;              //二义性 1
    }
};
int main(){
    DD myDD(1, 2, 3, 4);
    myDD.display();
    return 0;
}
```

本例中的程序在"二义性 1"处存在二义性错误，编译程序提示的错误信息为：'DD::a' is ambiguous。图 5-6 是该程序对应的对象模型图。

DD 在内存中的布局如图 5-7 所示。

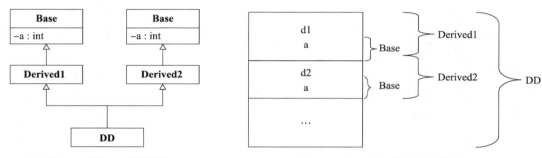

图 5-6   例 5-11 的类图   图 5-7   DD 的内存布局示意图

可以看出，DD 在内存中有 Base 数据成员 a 的两份拷贝。

编译程序在"二义性 1"处出现"DD::a is ambiguous"错误，这是因为 DD 类的直接基类有 Derived1 和 Derived2，它们都继承了 Base 的数据成员 a，所以 DD 有两个数据成员 a，一个是 Derived1::a，一个是 Derived2::a。

主函数中"DD myDD(1, 2, 3, 4);"语句执行时自动调用 DD 的构造函数：

```
DD(int i1, int i2, int i3, int  i4):Derived1(i1, i2), Derived2(i3, i4)
```

由 Derived1(i1, i2) 自动调用 Derived1 的构造函数：

```
Derived1(int p1,int p2):Base(p1)
```

通过调用公共基类的构造函数：

```
Base(int i){
    a=i;
}
```

给 a 赋值为 1。

同理，通过 Derived2(i3, i4) 调用 Derived2 的构造函数 Derived2(int x1,int x2):Base(x1) 和公共基类的构造函数 Base(int i) 给 a 赋值为 3。

由以上可以看出，公共基类 Base 中的数据成员 a 被 DD 间接继承后，从不同的路径得到不同的值，同一个数据成员有两个不同的值，这样就产生了二义性。所以在 DD 中当成员函数 void display() 执行语句"cout<<a<<endl;"时出错。

改正错误的方法同样可以用作用域运算符，即将 void display() 中的语句"cout<<a<<endl;"

修改为：

```
cout<<Derived1::a<<endl;
```

或修改为：

```
cout<<Derived2::a<<endl;
```

这样明确了 a 的取值路径就可以解决因公共基类带来的间接同名二义性。

5.4.4 虚基类

在上一小节，我们对多重继承中因公共基类带来的二义性问题是通过使用作用域运算符::来解决的。如果从不同路径间接继承的公共基类的成员在派生类中只有一份拷贝，则由公共基类带来的二义性问题也自然而然得到解决。解决二义性的另一种方法是将公共基类声明为虚基类。虚基类使派生类从公共（虚）基类只继承一个，即从不同路径继承过来的同名数据成员和成员函数在内存中只有一个拷贝。

虚基类的声明是在定义派生类时，在要继承的公共基类前加上 virtual 关键字：

```
class 派生类名: virtual <访问权修饰符><基类名>{
    ...
};
```

例如，将例 5-11 中的 Base 定义为虚基类：

```
class Base{

};
class Derived1: virtual public Base{

};
class Derived2: virtual public Base{

};
class DD:Derived1,Derived2{

};
```

引进虚基类后的例 5-11 的对象模型图如图 5-8 所示。

在使用虚基类机制时应该注意以下几点：

1）必须在最新派生出来的派生类的初始串列中，调用虚基类的构造函数，以初始化在虚基类中定义的数据成员。

虚基类的派生类的构造函数格式如下：

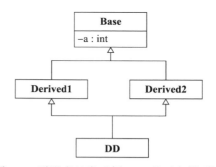

图 5-8 引进虚基类后例 5-11 的对象模型图

```
<派生类构造函数名>(参数表):<基类名1>(参数表1),
<基类名2>(参数表2),…,<对象成员名>(参数表i),<虚基类名>(参数表)
```

【例 5-12】 将例 5-11 改为虚基类实现。

```
#include <iostream>
using namespace std;
```

```
class Base{
protected:
    int a;
public:
    Base(int i) {
      a=i;
    }
};
class Derived1:virtual public Base{          // 改动 1
    int d1;
public:
    Derived1(int p1,int p2):Base(p1) {
      d1=p2;
      }
};
class Derived2:virtual public Base{          // 改动 2
    int d2;
public:
    Derived2(int x1,int x2):Base(x1) {
      d2=x2;
      }
};
class DD:Derived1, Derived2{
public:
    DD(int i1, int i2, int i3, int i4)
        :Derived1(i1, i2), Derived2(i3, i4), Base(i1)   // 改动 3
    {   };
    void display(){
        cout<<a<<endl;                        // 二义性 1
    }
};
int main(){
    DD myDD(1, 2, 3, 4);
    myDD.display();
    return 0;
}
```

通过改动 1 和改动 2 将 Derived1, Derived2 的公共基类 Base 声明为虚基类。改动 3 通过 Base(i1) 调用 Base 的构造函数将 Base 的数据成员 a 初始化为 1。

2）虚基类的构造函数由最新派生出来的派生类负责调用，其构造函数仅调用一次；初始串列中各个基类构造函数的调用顺序是：先调用虚基类构造函数，然后调用非虚基类构造函数。

Base 的构造函数由 DD 负责调用，且先行调用一次，以后 Derived1 和 Derived2 的构造函数不再对 Base 的构造函数进行调用，这样就保证了 Base 数据成员只被初始化了一次。

引进虚基类后 DD 在内存中的布局如图 5-9 所示。

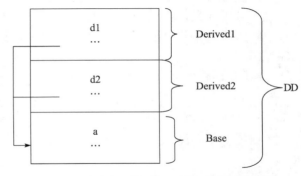

图 5-9　引进虚基类后 DD 的内存布局示意图

3）如果在最新派生出来的派生类的初始串列中，没有显式调用虚基类构造函数，则编译程序将调用虚基类的不带参数的构造函数，如果这时虚基类中没有不带参数的构造函数或缺省构造函数不起作用，这时将产生错误。

如将例 5-12 中 DD 构造函数后的 Base(i1) 去掉：

```
DD(int i1, int i2, int i3, int i4): Derived1(i1, i2), Derived2(i3, i4)
```

则默认调用 Base 不带参数的构造函数 Base()，这时 Base 中没有不带参数的构造函数，而且因为显式定义了带参数的构造函数 Base(int i)，所以缺省构造函数不起作用，这时编译时产生 "no appropriate default constructor available" 错误。

5.5 赋值兼容性

一个特定的类型 S，当且仅当它提供了类型 T 的行为时，则称类型 S 是类型 T 的子类型。子类型体现了类型间的一般与特殊的关系。

C 语言中，赋值的一致性指的是赋值号左右两边的类型一致，而赋值的兼容性指的是虽然赋值号左右两边的类型不一致，但可以将赋值号右边的值的类型自动转换成与左边类型一致再赋值，赋值兼容性往往以牺牲数据的精度为代价。

```
int a,b=1;
float c=2.3;
a=b;                          // 赋值一致性
a=c;                          // 赋值兼容性
```

在 C++ 中，子类型的概念是通过公有继承来实现的：类型 S 是公有派生类类型，类型 T 是基类类型。例如：

```
class S: public T{
    ......
}
```

根据继承方式的概念，我们知道，按公有继承的方式产生的派生类中，包含了原来基类中的全部数据成员和成员函数。因此，一个公有派生类的对象可以提供其基类对象的全部行为（基类的全部接口），也就是说，所有用于基类对象的操作必然可以用于其公有派生类对象。这样，在程序中可以把一个公有派生类对象当作其基类对象来处理，这就是赋值兼容性。

既然一个公有派生类对象可以当作基类对象使用，那么，指向基类的指针自然也可以指向其公有派生类对象。在程序中，当把派生类对象的指针赋给基类对象指针时，编译器能自动完成隐式类型转换。

以下是几种赋值兼容性的规则：

1）派生类的对象可以赋值给基类对象。

2）派生类的对象可以初始化基类的引用。

3）派生类对象的地址可以赋给指向基类的指针。

例如：

```
class B{};
class D:public B{};
B b1, *ptr;
D d1;
```

下列操作是正确的：

```
b1=d1;
B &b2=d1;
ptr=&d1;
```

【例 5-13】 写出下面程序的运行结果。

```
class Base{
public:
   void who() {
     cout<<"Base"<<endl;
}
};
class Derive : public Base{
public:
   void who() {
     cout<<"Derive"<<endl;
 }
};
int main(){
   Base obj1, *ptr;
   Derive obj2;
   ptr=&obj1;                  // 赋值 1
   ptr->who();
   ptr=&obj2;                  // 赋值 2
   ptr->who();
   return 0;
}
```

结果：

```
Base
Base
```

这个例子中，指向基类的指针 ptr 在"赋值 1"处指向基类对象 obj1，"赋值 1"处赋值号 = 的左右两边类型一致，"ptr->who();"语句调用的是基类的接口函数 who，返回值为"Base"；ptr 在"赋值 2"处指向派生类对象 obj2，" ptr->who();"语句调用的是派生类继承的基类的 who 函数，所以输出仍为" Base"。也就是说，编译程序根据指针的声明（例如，base *ptr），认定 ptr 只能指向派生类对象继承过来的基类的空间，如图 5-10 所示。

这就说明，虽然公有派生类对象可以代替基类对象使用，但基类指针仅能访问到派生类中继承的基类部分。

现在的问题是：能否将派生类指针指向基类对象？如下面的例子中，能否将派生类指针 ptr 指向基类对象。

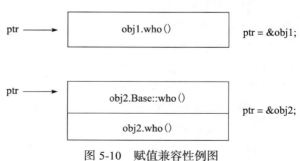

图 5-10　赋值兼容性例图

```
int main(){
   Base obj1;
   Derive obj2, *ptr;
   ptr = &obj1;
```

```
    return 0;
}
```

程序编译时将产生：ERROR: cannot assign 的错误。也就是说，"原指向大空间的指针（指向派生类的指针）不允许再指向小空间（指向基类对象）"。

子类型不具有可逆性。也就是说，S 是 T 的子类型，并不代表 T 是 S 的子类型。所以，将派生类指针直接指向基类对象不一定行得通，因为编译器既不允许这么做，也不提供隐式类型转换。其实，这个道理很容易想明白，如果允许用基类对象给派生类对象赋值，也就是允许使用派生类对象访问不存在的成员。当然，如果程序员采用强制类型转换（应尽量避免使用），也可以把派生类对象指针转换为基类对象指针，但此时要正确地使用该指针，否则可能会由于指针实际指向的对象中没有所要的成员而导致致命性错误。

习题

1. 什么是继承？什么是派生？类的派生方式分为几种？不同的派生方式对基类继承过来的数据成员各有什么影响？比较类的三种继承方式 public（公有继承），private（私有继承），protected（保护继承）之间的差别。

2. 基类和派生类中有函数原型完全一致的成员函数，如何实现对基类成员函数的调用？写出下面程序运行结果：

```cpp
class Base{
public:
    void Set(int i, int j){
        a=i;   b=j;
    }
    void Show(){
        cout<<"a="<<a<<endl;
        cout<<"b="<<b<<endl;
    }
protected:
    int a,b;
};
class Derived:public Base{
    int c;
public:
    void Set(){
        Base::Set(3, 4);
        c=4;
    }
    void Show(){
        cout<<"a="<<a<<endl;
        cout<<"b="<<b<<endl;
        cout<<"c="<<c<<endl;
    }
};
int main(){
    Base BB;
    BB.Set(1, 2);
    BB.Show();
    Derived DD;
    DD.Set();
    BB.Show();
```

```
        DD.Show();
        return 0;
}
```

3. 派生类中如何调用基类的构造函数？调用顺序如何？

4. 写出下列程序的运行结果。

1）
```
class b1{
    public:
      b1(int x){
        cout<<x<<"->a\n";
      }
      ~b1(){
        cout<<"b\n";
      }
    };
    class b2{
      public:
      b2(int x){
        cout<<x<<"->c\n";
      }
      ~b2(){
        cout<<"d\n";
      }
    }
    class derived:public b2,public b1{
      public:
        derived(int x,int y):b1(y),b2(x){
          cout<<"e\n";
        }
        ~derived(){
          cout<<"f\n";
        }
      int main(){
       derived obj(5,7);
        return 0;
      }
```

2）
```
class base{
    base(){
      cout<<"generate base"<<endl;
    }
    ~base(){
      cout<<"destroy base"<<endl;
    }
    };
    class child:public base{
      child(){cout<<"generate child"<<endl;}
      ~child(){cout<<"destroy child"<<endl;}
    };
    int main(){
     child obj;
     return 0;
    }
```

5. 什么是多重继承？在多重继承中容易出现的问题是什么？如何解决？

6. 什么是虚基类？说明引进虚基类后对基类构造函数的调用与没有引进前有什么不同？

7. 观察下面程序中去掉或加上 virtual 时，调用结果有何变化。从结果变化中可以看出带虚基类的多重继承构造函数和析构函数的调用过程。

```
class A{
public:
    int a;
    A(int i){
        a=i;
        cout<<"Constructor A called! a="<<a<<'\n';
    }
    ~A(){
        cout<<"Destructor A called!\n";
    }
};
class B1: virtual public A{
public:
    int b1;
    B1(int i, int j):A(i){
        b1=j;
        cout<<"Constructor B1 called! a="<<a<<'\n';
    }
    ~B1(){
        cout<<"Destructor B1 called!\n";
    }
};
class B2: virtual public A{
public:
    int b2;
    B2(int i, int j):A(i){
        b2=j;
        cout<<"Constructor B2 called! a="<<a<<'\n';
    }
    ~B2(){
        cout<<"Destructor B2 called!\n";
    }
};
class D:public B1,public B2{
public:
    D(int i, int j, int k, int l, int m)
      :B1(i, j), B2(k, l), A(m){
        cout<<"Constructor D called! a="<<a<<'\n';
    }
    ~D(){
        cout<<"Destructor D called!\n";
    }
};
int main(){
    D myD(1, 2, 3, 4, 5);
    return 0;
}
```

8. 编写一个输入及显示输出学生和教师数据的程序。学生的相关数据包括编号、姓名和总成绩；教师的相关数据包括编号、姓名和职称。设计一个基类 Person，该类中包括有关编号和姓名的输入和输出。另设计一个 Student 类和一个 Teacher 类作为 Person 的派生类。最后使用一个主函数来验证该程序的功能。

要求：

1）画出类间的关系图。

2）给出完整的程序。

实验：继承与派生

实验目的

1. 学习派生类的定义。

2. 熟悉不同继承方式下对基类成员的访问控制。

3. 利用虚基类解决二义性问题。

实验任务

1. Person 类中包含姓名、性别、生日 3 个数据，成员函数 Display() 用于显示姓名、性别、生日的值，生日为日期类 Date 的对象成员。Student 中包含英语、数学、语文三门课的成绩和平均成绩，成员函数 Compute() 用于计算平均成绩，Display() 用于显示学生的信息：姓名、性别、生日、英语、数学、语文的成绩和平均成绩。主函数的调用语句如下：

```
Student s1("zhangsan", 'F', 90, 70, 80, 2001, 4, 9);
s1.Compute();
s1.Display();
```

要求：

1）画出对象模型图。

2）编写完整的程序，主函数中必须包含上述语句。

2. 大学中的人员分为三类：学生，教师和职员，他们的基本信息如下：

学生：姓名、年龄、语文成绩、数学成绩、总成绩；

教师：姓名、年龄、职称、总工资；

行政职员：姓名、年龄、级别、总工资；

学生总成绩由语文成绩和数学成绩组成；

教师总工资由职称决定，讲师职称为 4 000 元，副教授为 5 000 元，教授总工资为 6 000 元；

行政职员工资由级别决定，级别为 1 的职员工资为 2 000 元，级别为 2 的职员工资为 3 000 元，级别为 3 的职员工资为 4 000 元。

要求实现总工资或总成绩的查询输出：

1）定义公共基类。

2）画出类间的关系图。

3）写出各类人员的类定义，并实现各个类中的查询输出函数。

4）写出验证性主函数。

第6章　运算符重载

重载是面向对象程序设计的基本特点之一，类似于自然语言中的"一词多义"。同样的函数名或运算符可以实现不同的操作，这就是重载。在编译连接过程中，系统自动根据参数个数或参数类型等特征确定同名标识符调用的程序代码段。将系统预定义的运算符，用于用户自定义的数据类型，这就是运算符重载。

6.1　函数重载

前面的章节中，已经涉及普通函数的重载及构造函数的重载。所谓函数重载是指在同一作用域内，若干个参数特征（个数或类型）不同的函数可以使用相同的函数名实现不同的功能。如果一门语言不支持重载机制，则不允许同一个作用域内有相同的函数名。下面首先来看两个简单的例子。

【例6-1】　普通函数的重载。

```
#include <iostream>
#include <string>
using namespace std;
int Add(int x, int y){
    return x+y;
}
char *Add(char *x, char *y){
    return strcat(x,y);
}
int main(){
    int a=1, b=2;
    char str1[50]="I am ";
    char str2[]="a student.";
    cout<<Add(a, b)<<endl;
    cout<<Add(str1, str2)<<endl;
    return 0;
}
```

从例6-1可以看出，具有同一名称的两个函数Add()分别用于实现两个整数的相加功能或两个字符串的相连功能。当编译程序编译该程序时，会自动根据调用Add()函数的实参类型，决定到底应该使用Add()函数的哪一份实现代码。

【例6-2】　构造函数的重载。

```
class Clock{
private:
    int Hour, Minute, Second;
public:
    Clock(int New_Hour, int New_Minute, int New_Second){…};
    Clock(){};
    void SetTime(int New_Hour, int New_Minute, int New_Second);
    void ShowTime();
```

```
};
int main(){
  Clock clock1;
  Clock clock2(10, 20, 5);
  return 0;
}
```

在例 6-2 中，Clock 类定义了两个构造函数。这两个构造函数的名称相同，都是类名。但因为两个函数的形参特征不同，从而实现了构造函数的重载。当编译程序在编译该程序时，会根据 Clock 类对象的实参个数，决定到底使用哪一个构造函数进行对象的初始化。

在 C++ 语言中，函数重载是在编译时，由编译程序根据函数形参的个数或类型，决定到底使用函数的哪个实现代码。

6.2   运算符重载

运算符重载（Operator Overloading）是指同一个运算符可以施加于不同类型的操作数从而导致不同的运算。以前我们也见过运算符重载的情况。例如，11/4=2 表示两个整数整除，结果仍是整数；11.0/4.0=2.75 表示两个浮点数相除，结果得到的是浮点数。这里的运算符 "/" 都是除，但意义不同，前一个式子指两个整数的除法，结果是取商的整数部分，后一个式子是两个浮点数相除，取除的结果。

用户也可以根据自己的需要对 C++ 中提供的运算符进行重载，将系统已经定义的运算符用于新定义的数据类型，例如，"＋" 号在数值运算中是两个数的相加，将 "＋" 用于字符串实现两个字符串的连接，也可以通过重载将 "＋" 用于复数实现两个复数的相加运算。通过运算符重载，能使用户程序易于阅读与维护，进一步提高面向对象软件的灵活性和可扩充性。

任何运算都是通过函数来实现的，运算符重载也不例外。C++ 语言中运算符重载分为两种：重载为类的成员函数和重载为类的友元函数。在实现运算符重载时，首先是把指定的运算符表达式转化为运算符函数，运算对象转化为运算符函数的实参，然后根据实参的类型确定要调用的函数。我们把用来重载运算符的成员函数或友元函数，统称为运算符函数。

6.2.1   运算符重载为类的成员函数

运算符一旦重载为类的成员函数，就可以像类的一般成员函数那样访问本类的数据成员，并且可以像类的一般成员函数一样，是通过该类的对象来访问。下面是运算符重载为类 X 的成员函数的形式：

```
class X {
   ...
public:
   <返回类型> operator<运算符>(参数表);   //运算符重载为类的成员函数
   ...
};
```

其中要求：

1）运算符函数必须说明为公有的。

2）< 返回类型 > 为运算符函数运算结果的返回值类型。

3）"operator < 运算符 >" 为运算符函数的专用函数名，operator 是关键字。

4）参数表中列出该运算符运算所需要的操作数。

5）运算符运算的过程也就是调用运算符函数的过程，调用方法与类的一般成员函数调用方法一致，通过对象来调用，对象是运算符运算时的操作数之一，所以参数表中列出运算符运算所需要的其他操作数。

运算符重载又分为重载单目运算符和重载双目运算符两种情况。

1. 重载单目运算符

单目运算符的操作数只有一个，单目运算的运算符有 ++、--、! 、~、-（负号）等。当单目运算符重载为成员函数时，参数表为空。但由于自增 ++ 和自减 -- 运算符可以放在操作数之前（前置单目，如 ++i），或可以放在操作数之后（后置单目，如 i++），所以 C++ 中约定：如果是前置单目，则参数表为空，在这种情况下，当前对象（即调用该运算符函数的对象）作为该运算符唯一的操作数；如果是后置单目，则参数表中有一个整型的形参，此时把它当作一个双目运算符来重载。

【例 6-3】 单目运算符重载为成员函数。

```
#include <iostream>
using namespace std;
class Test{
    int i;
public:
    Test(){
        i=0;
    }
    void operator ++(){                 //前置单目运算符重载为成员函数
        ++i;
    }
    void operator ++(int){              //后置单目运算符重载为成员函数
        i++;
    }
    int output(){
        return i;
    }
};
int main(){
    Test myTest;
    ++ myTest;
    cout<<myTest.output()<<endl;
    myTest ++;
    cout<<myTest.output()<<endl;
    return 0;
}
```

本例中：

"++ myTest;"实际为："myTest.operator++();"，即对象 myTest 调用其成员函数"void operator ++();"。

"myTest ++;"实际为："myTest.operator++(0);"，即对象 myTest 调用其成员函数"void operator ++(int);"。

2. 重载双目运算符

双目运算符的操作数有两个，当前对象作为该运算符的左操作数，参数作为右操作数。所以函数的参数表中有一个参数。

【例 6-4】 复数类的加减法重载为成员函数。

通用计算机中无法直接对两个复数进行相加减，而是需要编写程序将两个复数的实部和虚部分别相加减，再将结果合成为新的复数。我们可以将复数定义为类，在类中编写两个复数相加或相减的运算符函数，从而可以实现两个复数的直接相加减。

```cpp
#include <iostream>
using namespace std;
class Complex{
private:
    double real,imag;
public:
    Complex(double r=0.0, double i=0.0){
        real=r;
        imag=i;
    }
    Complex operator +(Complex c);
    Complex operator -(Complex c);
    void display();
};
Complex Complex::operator +(Complex c){        // 双目运算符重载为成员函数
    return Complex(real+c.real, imag+c.imag);
}
Complex Complex::operator -(Complex c){        // 双目运算符重载为成员函数
    return Complex(real-c.real, imag-c.imag);
}
void Complex::display(){
    cout<<"("<<real<<","<<imag<<")"<<endl;
}
int main(){
    Complex c1(7, 8), c2(3, 2), c3;
    c3=c1+c2;
    c3.display();
    c3=c1-c2;
    c3.display();
    return 0;
}
```

需要再次强调的是：当使用成员函数重载运算符时，定义运算符函数的方法与定义普通成员函数的方法基本相同，唯一的差别是运算符函数的名字必须为 operator ＜运算符＞，而不能由程序员随意为运算符函数起名字。

6.2.2　运算符重载为类的友元函数

将运算符重载为类的友元函数，则在定义类 X 时应如下说明运算符函数：

```cpp
class X{
    …
    friend <返回类型> operator <运算符>(参数表); // 运算符重载为类的友元函数
    …
};
```

运算符重载为类的友元函数同重载为类的成员函数相比，主要有以下几点差别：

1）在函数原型前多了一个关键字 friend。

2）由于是友元函数，因此将其放在类的 public 段说明或在 private 段说明均具有相同的效果。

3）用友元函数重载运算符比用成员函数重载运算符参数表中的参数个数多一个，原因在于友元函数不是类的成员函数，不能通过类的对象调用，所以运算符的操作数都作为运算符函数的参数传递。即：

- 用友元函数重载单目运算符时，参数表中应该有一个参数。
- 用友元函数重载双目运算符时，参数表中应该有两个参数。

下面分别介绍用友元函数重载单目运算符和用友元函数重载双目运算符。

1. 用友元函数重载单目运算符

如果在类 X 中重载了单目运算符，则不管该运算符是前置单目运算符还是后置单目运算符，友元函数参数表中都有一个参数作为该运算符的操作数。

【例 6-5】 单目运算符重载为类的友元函数。

```
#include <iostream>
using namespace std;
class Test{
    int i;
public:
    Test(){ i=0;   }
    friend void operator ++(Test &t){
    //前置单目运算符重载为友元函数
        ++t.i;
    }
    friend void operator ++(Test &t, int){
    //后置单目运算符重载为友元函数
        t.i++;
    }
    int output(){
        return i;
    }
};
int main(){
    Test myTest;
    ++ myTest;
    cout<<myTest.output()<<endl;
    myTest ++;
    cout<<myTest.output()<<endl;
    return 0;
}
```

以上单目运算符重载为类的友元函数与例 6-3 中单目运算符重载为类的成员函数相比，其区别在于：除了形参的个数比重载为成员函数多 1 个以外，友元函数中的形参还应该为引用，因为此时需要修改操作数的数据值。

2. 重载双目运算符

如果在类中重载了双目运算符，则友元函数参数表中包含有两个参数，分别作为该运算符的左、右操作数。

【例 6-6】 复数类的加减法，用友元函数实现运算符重载。

```
#include <iostream>
using namespace std;
```

```
class Complex{
private:
    double real, imag;
public:
    Complex(double r=0.0, double i=0.0){
        real=r;
        imag=i;
    }
    // 双目运算符重载为友元函数
    friend Complex operator +(Complex c1, Complex c2);
    friend Complex operator -( Complex c1, Complex c2);
    void display();
};
Complex operator +(Complex c1, Complex c2){
    return Complex(c1.real+c2.real, c1.imag+c2.imag);
}
Complex operator -(Complex c1, Complex c2){
    return Complex(c1.real-c2.real, c1.imag-c2.imag);
}
void Complex::display(){
    cout<<"("<<real<<","<<imag<<")"<<endl;
}
int main(){
    Complex c1(7, 8), c2(3, 2), c3;
    c3=c1+c2;
    c3.display();
    c3=c1-c2;
    c3.display();
    return 0;
}
```

为了正确地重载运算符，使重载后的运算符带来最佳效果，C++ 语言对运算符重载进行了某些限制。我们在重载运算符时应该遵守以下规则：

1）只能重载 C++ 语言中原先已定义的大部分的运算符，但不能重载下列几个运算符：

  .   （成员访问运算符）

  *   （成员指针访问运算符）

  ::   （作用域运算符）

  ?:   （条件运算符）

  sizeof   （长度计算运算符）

  ()   （类型强制转换）

2）重载不能改变原运算符的操作数个数、原有优先级、结合特性和操作方式，如 "*" "/" 的操作数个数为 2，优先级高于 "+" "-"；重载后运算符的含义必须清楚、直观，特别是不能使程序阅读者在理解程序时产生二义性，如将 "+" 重载为 "-" 的操作则违背了此条规则。

3）下列四个运算符只能用成员函数重载，不能用友元函数重载：

  = → ( ) []

4）下列两个运算符只能用友元函数重载，不能用成员函数重载：

  >> <<

例如，以上复数运算中，重载流运算符 "<<" 和 ">>"，以直接输出和输入复数。

在 Complex 类定义中，增加流运算符重载函数的实现：

```
friend void operator>>(istream&cin1, Complex&c);
friend void operator<<(ostream&cout1, Complex&c);
```

它们的实现如下：

```
void operator>>(istream& cin1, Complex& c){
  cin1>>c.real>>c.imag;
}
void operator<<(ostream&cout1, Complex&c){
  cout1<<c.real<<" "<<c.imag<<endl;
}
```

主函数中调用为：

```
Complex cc;
cin>>cc;
cout<<cc;
```

下面以流输入运算符为例加以说明。

流输入运算符 " >> " 的运算符重载函数名为 operator>>，运行时将 cin 的值传递给 cin1，cc 的值传递给 c，因些 "cin1>>c.real>>c.imag;" 实际执行的是 cin>>cc.real>>cc.imag。

以上定义的运算符重载函数不能实现复数的连续输入和输出，得做以下修改：

```
friend istream& operator>>(istream&cin1, Complex&c);
friend ostream& operator<<(ostream&cout1, Complex&c);
```

它们的实现如下：

```
istream& operator>>(istream& cin1, Complex& c){
  cin1>>c.real>>c.imag;
  return cin1;
}
ostream& operator<<(ostream&cout1, Complex&c){
  cout1<<c.real<<" "<<c.imag<<endl;
  return cout1;
}
```

主函数中调用为：

```
Complex c1,c2;
cin>>c1>>c2;
cout<<c1<<c2;
```

5）如果单目运算符的操作数，或双目运算符的左操作数，有可能是预定义类型的数据，则必须能够隐式地将该操作数类型转换为类对象。在此情况下，该运算符必须用友元函数重载，而不能用成员函数重载。

例如，如果分别在例 6-4 和例 6-6 的主函数中增加如下调用语句：

```
c3=5+c1;
c3.display();
```

它们在例 6-6 的程序运行正常，但在例 6-4 中会出现如下的编译错误：

```
binary '+' :no global operator defined which takes type 'class Complex'
```

这是因为在例 6-6 中，编译系统将 "c3=5+c1;" 翻译为函数形式 "operator+(5, c1);" 通过构造函数将 5 转换为类 Complex 的对象，然后调用友元函数来实现重载。但在例 6-4 中，"c3=5+c1;" 被翻译为 "5.operator+(c1);" 此时编译系统不能解释该语句的含义。

6.2.3 重载赋值运算符

赋值运算符是双目运算符，可以使用默认的赋值运算符实现同类对象间的赋值，因为系统已为每个类重载了一个赋值运算符，它的作用是逐个数据成员的对应赋值。例如：

```
Complex c1(20, 10), c2;
c2=c1
```

上面语句表示将 c1 的数据成员逐个赋给 c2 的对应数据成员，即：

```
c2.real=20;
c2.imag=10;
```

对于许多实用类来说，当仅有默认赋值运算符时，有时不能满足程序的要求，可能会出现程序不能正确运行的情况，这时必须根据需要对赋值运算符进行重载。

【例 6-7】 默认赋值运算符引起指针悬挂问题。

```
class String{
    char *p;
    int size;
public:
    String(char *s){
        size=strlen(s)+1;
        p=new char[size];
        strcpy(p, s);
    }
    ~String(){
        delete [ ]p;
    }
    void show(){
        cout << p << endl;
    }
};
int main(){
    String s1("Smith");
    String s2("John");
    s1=s2;
     return 0;
}
```

程序运行时，出现 "Debug Assertion Failed!" 原因在于：语句 "s1=s2;" 使得 s1.p 和 s2.p 都指向同一块内存区，如图 6-1 所示。当 s1 和 s2 这两个对象生存期结束时，将调用两次析构函数，从而使这块内存被释放两次，而 s1.p 原先指向的内存区却没有释放，被封锁起来无法再用，这就是指针悬挂问题。

通过重载赋值运算符可以解决指针悬挂问题，解

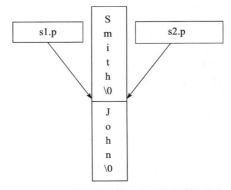

图 6-1 赋值运算符引起指针悬挂问题

决上述问题的指导思想是：

1）在赋值之前，先释放 s1.p 原先指向的内存空间。

2）为 s1.p 重新申请内存空间。

3）内容传递：对目的对象 s1 的数据成员指针 p（即 s1.p）的赋值，是把源对象 s2 的数据成员指针 p（即 s2.p）所指向的内容传递给它，而不是简单地传递指针值。

C++ 规定：赋值运算符必须使用成员函数重载，且重载赋值运算符的成员函数 operator= 不能被继承。以下是改进后的程序，其内存示意图如图 6-2 所示。

【例 6-8】 重载赋值运算符解决指针悬挂问题。

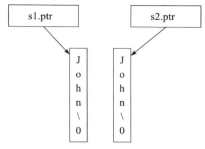

图 6-2　重载赋值运算符解决
指针悬挂问题

```cpp
#include <iostream>
#include <string>
using namespace std;
class String{
    char *p;
    int size;
public:
    String(char *s){
        size=strlen(s)+1;
        p=new char[size];
        strcpy( p, s);
    }
    ~String(){
        delete [ ]p;
    }
    void show(){
        cout<<p<<endl;
    }
    void operator=(String &);          // 重载赋值运算符
};
void String::operator=(String& str){
    if(this==&str ){
        cout<<" 错误, s1=s1!"<<endl;
        return;
     }
    cout<<" 原串大小为: "<<size<<endl;
    delete [ ]p;                        // 释放原有空间
    p=new char[size=str.size];          // 分配新的内存区域
    strcpy ( p, str.p );
    cout << " 新串大小为: " << size  << endl;;
}
int main(){
    String s1("Smith"), s2("John");
    s1.show();
    s2.show();
    cout<<"s1=s1: "<<endl;
    s1=s1;
    cout<<"s1=s2: "<<endl;
    s1=s2;
    s1.show();
    s2.show();
```

```
    return 0;
}
```

在例 6-8 中，建立对象时，在堆中申请存储区，用于存放字符串。当将另一个对象内容拷贝到本对象中时，将本对象指针原先所指的存储区退回给堆，并重新申请存储区，再及时更新字符串内容。

注意：栈（stack）和堆（heap）都是系统为程序执行所开辟的内存区，初学程序设计者往往会混淆这两个概念。其实，栈是由系统自动分配的，如声明在函数中的一个局部变量"int a;"系统会自动在栈中为 a 分配空间；堆则是由程序员自己申请并指明大小的，如 C 语言中用 malloc() 函数："p1=(char *)malloc(10);"在 C++ 中用 new 运算符，都是在堆中申请空间。在回收方面的区别，栈中的空间操作系统会自动回收，而堆中的空间需要申请者自己回收，如 C 语言中使用 free() 函数，C++ 语言中使用 delete 回收。

6.2.4　类类型转换

类型转换就是把一种类型的值转换为另一种类型的值。对于系统预定义的类型如 int、double 等，其类型转换有隐式类型转换和显式类型转换。

1. 隐式类型转换

隐式类型转换是指当两个操作数类型不一致时，在算术运算之前级别低的类型自动转换为级别高的类型，如从 int 或 float 型自动转换为 double 型；如果从级别高的类型自动转换为级别低的类型，则可能会丢失数据并导致编译器发出警告信息。

```
int a;
double d=13.5;
a=d;
cout<<a<<endl;
```

在编译第三句时出现警告：

```
warning : conversion from 'double' to 'int', possible loss of data
```

2. 显式类型转换

显式类型转换有两种方式：

1）强制转换法，其格式为：

（类型名）表达式

2）函数法，其格式为：

类型名（表达式）

例如：

```
int a;
double d=13.5;
a=(int)d;          // 或 a=int(d);
cout<<a<<endl;
```

函数法进行显式类型转换也适用于将一个类的对象转换成另一个类的对象，因为类是一种自定义类型，所以它也可以像预定义类型一样进行类型转换。类对象的类型转换由构造函数或类型转换函数完成。

1. 用构造函数完成类类型转换

单参数（只有一个参数，或其他参数都有默认值）的构造函数，具有将参数类型转换为该类类型的功能，有时这样的构造函数也称为转换构造函数。

【例6-9】 用构造函数完成类类型转换。

```
#include <iostream>
using namespace std;
class D{
    private:
    double d;
public:
    D( ){
        d=0;
        cout<<" 缺省构造函数 \n";
    }
    D( double i){
        d=i;
        cout<<" 单参数构造函数 \n";
    }
    void Print( ){
        cout<<d<<endl;
    }
};
int main(){
    D myD;
    myD=12;          // 类型转换
    myD.Print( );
    return 0 ;
}
```

当编译程序分析到语句"myD=12;"时，发现赋值号两边类型不一致，它会自动根据类型转换规则，先将整型数12转换成myD的类型即类D的对象，这是通过调用构造函数myD(12)来完成类型的转换，然后将这个无名的对象赋值给myD。

2. 用类类型转换函数完成类类型转换

单参数构造函数可以将一个指定类型的数据转换为类的对象，但如果要将一个类的对象转换为一个其他类型的数据就需要用到类类型转换函数。类类型转换函数的格式定义如下：

```
operator   目的类型 ( ){
    转换语句 ;
}
```

目的类型即要转换成的类型，它既可以是自定义类型也可以是预定义类型。

【例6-10】 用类类型转换函数完成类的类型转换。

```
#include <iostream>
using namespace std;
class Try{
    int a;
public:
    Try(int a1) { a=a1; }
    operator double(){                    // 类类型转换函数
```

```
        return double(a);
     }
  };
  int main(){
     Try t(10);
     double s1=4.5,d;
     d=s1 + t;
     cout<<d<<endl;
     return 0 ;
  }
```

当编译程序分析到" d=s1+t;"语句时,因为赋值号左右两边类型不一致,而且" +"号左右两边的操作数也不一致,则对象 t 调用类类型转换函数 operator double(),将属性 a 的值 10 转换成 double 型,与 s1 相加,并赋给 d。

类类型转换是系统自动完成的,当需要时,编译系统会去类中寻找构造函数或类型转换函数完成类类型的自动转换。

习题

1. 运算符重载时应遵循的规则是什么?
2. 运算符重载为类的成员函数与重载为类的友元函数有什么区别?
3. 写出以下程序的运行结果。

```
  class test{
   int x;
  public:
   test(){ x=1; }
   void operator++() {  x+=2; }
   void disp(){
    cout<< "x="<<x<<endl;
   }
  };
  int main(){
    test tt;
    tt.disp();
    tt++;
    tt.disp();
     return 0;
  }
```

4. 对于下列的类声明:

```
  class Cow{
    char name[20];
    char *hobby;
    double weight;
  public:
    Cow();
    Cow(const char *nm, const char *h,double wt);
    ~Cow();
    Cow &operator = (const Cow &c);
    void ShowCow() const;              // 显示所有的属性
  };
```

给这个类的各个方法提供实现部分并写出验证性主函数实现对各方法的调用。

5. 下列程序重载了 "=" 和 "++"，阅读和修改程序，使之能重载输入 "<<" 和输出 ">>" 流符号。

```cpp
#include "iostream"
using namespace std;
class A{
   int i;
public:
   A(){ i=0; }
   A operator=(int i){
     this->i=i;
     return *this;
   };
   A operator++(){
    ++i;
    return *this;
   }
   A operator++(int){
       i++;
       return *this;
   }
   void show(){ cout<<i; }
};
int main(){
    A a;
    a=5;
    a.show();
    ++a;
    a.show();
    a++;
    a.show();
    system("pause");
    return 0;
}
```

6. 下列是时钟类的定义及调用，实现 Clock 类的所有成员函数。

```cpp
class Clock{
    int Hour,Minute,Second;
public:
    Clock(int NewH=0,int NewM=0,int NewS=0);
    void operator ++();
    void operator ++(int);
    void ShowTime();
};
int main(){
    Clock myClock(23,59,59);
    cout<<"Begin Time:";
    myClock.ShowTime();
    myClock++;
    myClock.ShowTime();
    ++myClock;
    myClock.ShowTime();
    return 0;
}
```

7. 阅读程序，补充完整。

```
class MyVector{                                        // 表示二维向量的类
    double x;                                          // X 坐标值
    double y;                                          // Y 坐标值
public:
    MyVector(double i=0.0 , double j=0.0);             // 构造函数
    MyVector operator+( MyVector j);                   // 重载运算符 +
    friend MyVector operator-( MyVector i, MyVector j); // 重载运算符 -
    friend ostream& operator<<( ostream& os, MyVector v); // 重载运算符 <<
};
ostream& operator<<( ostream& os, MyVector v){
    os << '(' << v.x << ',' << v.y << ')' ;            // 输出向量 v 的坐标
    return os;
}
int main(){
    MyVector v1(2,3), v2(4,5), v3;
    v3=v1-v2;
    cout<<v3<<endl;
    return 0;
}
```

实验：运算符重载

实验目的

掌握运算符重载的方法。

实验任务及结果

1. 定义一个数组类 Array，重载下标运算符 "[]"，在用到数组下标时进行越界检查。

2. 重载运算符 +、-、*，使它们能进行或、非、与运算。

3. 定义一个 Date 类，包含私有数据成员 month, day 和 year。重载加号运算符 " + "，能实现指定日期加上指定天数后新日期的计算。

4. 定义一个 String 类，重载赋值运算符，能实现字符串的赋值。重载加号运算符 " + "，能实现字符串的连接。

第7章 多 态 性

多态性是面向对象的一个关键特征，也是实现组件技术的基础之一。根据实现机制的不同，多态性又分为编译时的多态性（重载）和运行时的多态性（虚函数）。运行时的多态性提供了用不同方法调用同一个接口的机制，从而可以通过相同的接口访问不同的函数。

7.1 多态性概述

联编（联合编译）是计算机程序自身彼此关联的过程，也就是标识符名（如函数名）和其存储地址或消息和方法相关联（binding）的过程。如果联编发生在编译连接阶段，则称为静态联编。如果联编发生在程序运行阶段，则称为动态联编。

多态性即多种形态。函数重载和运算符重载使得同一个函数名可以有不同的实现，所以重载是多态性的体现。因为重载函数名与其内存地址的关联发生在编译阶段，所以函数重载称为编译时的多态。面向对象程序设计的另一种多态性发生在不同的类中，即不同的对象用各自的行为响应相同的消息，这种多态性在程序运行过程中才能动态确定响应消息的对象，所以又称为运行时的多态性。

例7-1是第5章中赋值兼容性一节曾讨论过的例子，它体现了编译时的多态性，但静态联编在这并没有实现真正意义上的多态性。

【例7-1】编译时的多态性。

```cpp
#include <iostream>
using namespace std;
class Base{
public:
    void who(){
        cout<< "Base"<<endl;
    }
};
class Derive : public Base{
public:
    void who(){
        cout<< "Derive" <<endl;
    }
};
int main(){
    Base obj1, *ptr;
    Derive obj2;
    ptr=&obj1;              //赋值1
    ptr->who();             //调用1
    ptr = &obj2;            //赋值2
    ptr->who();             //调用2
    return 0;
}
```

程序运行结果为：

```
Base
Base
```

本例中，基类和派生类都定义了原型相同的成员函数 who()，赋值 2 中指向基类的指针 ptr 指向了派生类 Derive 的对象 obj2，如图 7-1 所示。但实际上它并未发挥派生类的作用，原因是由于对象指针对普通同名成员函数的调用，仅由声明指针时的类型决定，而与指针当时实际指向的对象无关。所以 " ptr->who()；" 语句真正调用的是 Base 的同名成员函数 who()。这一问题的产生说明了对普通成员函数的调用是在编译时通过静态联编决定的。要想让 " ptr->who()；" 语句真正实现对派生类 who() 函数的调用，必须改变联编的方式，即

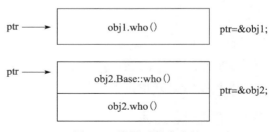

图 7-1　编译时的多态性

改静态联编为动态联编，也就是根据运行时实际所指向的对象调用其成员函数。C++ 中可以用虚函数来实现这种机制。

7.2　运行时的多态性

虚函数是一种动态联编机制，又称为运行时的多态。将成员函数声明为虚函数可以将编译方式从静态联编转变为动态联编，即相当于通知编译程序：具体调用哪个类中定义的函数由指针实际指向的对象类型决定，而不是由指针声明的对象类型决定。

虚函数的声明格式如下：

```
virtual    函数原型；
```

函数原型即函数头，包括函数返回类型、函数名和参数特征。例 7-2 通过将例 7-1 中的 who() 函数声明为虚函数，实现了动态联编。

【例 7-2】将 who() 函数声明为虚函数。

```
#include <iostream>
using namespace std;
class Base{
public:
    virtual  void who(){
        cout<<"Base"<<endl;
    }
};
class Derive : public Base{
public:
    void who(){
        cout<<"Derive"<<endl;
    }
};
int main(){
    Base obj1, *ptr;
    Derive obj2;
    ptr = &obj1;          //赋值 1
    ptr->who();           //调用 1
    ptr = &obj2;          //赋值 2
```

```
    ptr->who();                    // 调用 2
    return 0;
}
```

程序的运行结果为：

```
Base
Derive
```

这个结果说明：用 virtual 声明了虚函数后，基类指针 ptr 是根据运行时实际指向的对象类型来决定要调用的同名成员函数 who()，而不是根据 ptr 声明时的类型。

这个结果为多态性的使用也提供了一个新思路：使用虚函数，可以对同一祖先（如 Base）派生出的类族中的不同类（如 Derive），从基类到派生类定义同名但不同实现的虚函数（如 void who()），通过指向基类的指针（如 ptr）指向同一类族中不同类的对象（如"ptr = &obj2"；ptr 指向 Derive 对象 obj2），调用不同实现的虚函数（如 void who()），从而得到不同对象的不同响应（运行结果不同）。

图 7-2 运行时的多态性

在使用虚函数时，需要注意以下事项：

1）用虚函数实现多态性时，派生类应从基类以公有方式派生。

```
class Derive : public Base
{ ……   }
```

2）虚函数只能用于类的继承层次结构中，在基类（不一定是最高）中声明虚函数，则派生类中同型（与基类虚函数原型完全相同）不同实现的成员函数自动成为虚函数。例如，上例中的 who() 函数，在基类 Base 中声明为虚函数：

```
virtual  void who()
```

则在派生类 Derive 中 who() 不需要声明为虚函数而自动成为虚函数：

```
void who();
```

函数原型包括函数返回类型、函数名、形参类型和个数。

3）虚函数必须是所在类的成员函数，而不能是友元函数，也不能是静态成员函数。因为虚函数调用要靠特定的对象类型决定到底该激活哪一个函数。静态成员函数在编译时就和类绑定在一起，不能被运行时动态加载。用 inline 声明的内联函数也不能是虚函数，因为内联函数不是在运行过程中动态确定其地址的，即使虚函数的实现部分在类内部定义，编译时也将其看作非内联。

4）虚函数声明只出现在类内声明的函数原型中，而不能出现在类外成员函数的实现中。

【例 7-3】在成员函数实现时声明虚函数导致编译出错。

```
#include <iostream>
using namespace std;
class Base{
```

```
public:
    virtual  void who() ;
};
virtual void Base::who(){          // 类外实现加 virtual，导致错误
    cout<<"Base"<<endl;
}
class Derive : public Base{
public:
    void who(){
        cout<<"Derive"<<endl;
    }
};
int main(){
    Base obj1, *ptr;
    Derive obj2;
    ptr = &obj1;                   // 赋值 1
    ptr->who();                    // 调用 1
    ptr = &obj2;                   // 赋值 2
    ptr->who();                    // 调用 2
    return 0;
}
```

在编译例 7-3 中的程序时，编译器提示在"错误"处出现如下错误：

error C2723: 'who' : 'virtual' storage-class specifier illegal on function definition.

此时只要去掉"错误"处的 virtual 就可以了。

5）虚函数由成员函数调用或通过指针、引用来访问。

【例 7-4】举例说明虚函数的使用模式。

```
#include <iostream>
using namespace std;
class A{
public:
    virtual void show(){
        cout<<"AAA…"<<endl;
    }
};
class B : public A{
public:
    void show(){
        cout<<"BBB…"<<endl;
    }
};
```

● 虚函数使用模式一。

```
void disp(A *a){
    a-> show();
}
int main(){
    A *pa = new A;
    B *pb = new B;
    disp(pa);
    disp(pb);                      // 语句 1
    delete pa;
```

```
      delete pb;
      return 0;
}
```

程序的运行结果为：

```
AAA...
BBB...
```

上面"语句 1"处调用全局函数 disp()，参数的传递相当于语句："A*a=pb;"。

这是一种赋值兼容性，即用派生类代替基类。语句" a->show() ;"是通过指针调用虚函数，所以"语句 1"的执行结果得到 BBB...。

● 虚函数使用模式二。

```
void disp(A &a){
   a.show();
}
int main(){
   A pa;
   B pb;
   disp(pa);
   disp(pb);             // 语句 2
   return 0;
}
```

程序的运行结果为：

```
AAA...
BBB...
```

上面"语句 2"处调用全局函数 disp()，参数的传递相当于语句："A &a=pb;"。

这是一种赋值兼容性，即 a 是派生类对象 pb 的引用，" a.show() ;"是引用调用虚函数，所以"语句 2"的执行结果得到 BBB...。

● 虚函数使用模式三。

```
void disp(A a){
   a.show();
}
int main(){
   A pa;
   B pb;
   disp(pa);
   disp(pb);             // 语句 3
   return 0;
}
```

程序的运行结果为：

```
AAA...
AAA...
```

上面"语句 3"处调用全局函数 disp()，参数的传递相当于语句："A a=pb;"。

这是一种赋值兼容性，即用派生类代替基类，"a.show();"不是通过指针或引用调用虚函数。使用普通对象调用虚函数时，系统仍然以静态联编方式完成对虚函数的调用。所以"语句 3"的执行结果得到 AAA…。

6）在派生类中声明的成员函数，如果与基类中的虚函数名字相同，但参数不同，则属于一般的函数重载，它屏蔽了基类中的虚函数。

【例 7-5】虚函数与函数重载的区别。

```
#include <iostream>
using namespace std;
class A{
public:
    virtual void show(){
        cout<<"AAA…"<<endl;
    }
};
class B : public A{
public:
    void show(int i){
        cout<<"BBB..."<<endl;
    }
};
void disp(A a){
    a.show();
}
int main(){
    A pa;
    B pb;
    disp(pa);
    disp(pb);                      //语句 4
    return 0;
}
```

程序的运行结果为：

```
AAA...
AAA...
```

在此例子中，派生类的 void show(int i) 函数中增加了一个参数，则它不再是虚函数，而是与基类中 void show() 函数同名的一个重载函数。所以系统仍然以静态联编方式完成对基类虚函数 show() 函数的调用。

7）虚函数不一定要定义在最高层的类中，而是在需要动态多态性的几个层次中的最高层类中声明。类的继承层次中，如果基类的成员函数在派生类中需要被更改实现功能，一般将其声明为虚函数。在定义虚函数时，虚函数的函数体可以为空，具体功能在各派生类中实现，这时它的作用仅仅是作为一个派生类虚函数的入口。

【例 7-6】编写程序，利用赋值兼容性和动态多态性，显示不同图形的面积。

```
#include <iostream>
using namespace std;
const double PI=3.14;
class Shape{
public:
    virtual void GetArea() { }
};
class Circle:public Shape{
```

```
        double r;
public:
    Circle(double NewR){
        r=NewR;
    };
    void GetArea(){
        cout<<PI*r*r<<endl;
    }
};
class Triangle:public Shape{
    double l, h;
public:
    Triangle(double NewR, double NewH){
        l=NewR;
        h=NewH;
    }
    void GetArea(){
        cout<<0.5*l*h<<endl;
    }
};
class Rectangle:public Shape{
    double l, w;
public:
    Rectangle(double NewH, double NewW){
        l=NewH;
        w=NewW;
    }
    void GetArea(){
        cout<<l*w<<endl;
    }
};
int main(){
    Shape *s[3]={ new Circle(2), new Triangle(2, 3),
                  new Rectangle(3, 4) };
    for(int i=0;i<3;i++){
        cout<<"s["<<i<<"]=";
        s[i]->GetArea();
    }
    return 0;
}
```

程序的运行结果为：

```
s[0]=12.56
s[1]=3
s[2]=12
```

通过利用赋值兼容性和动态联编，例7-6实现了用一条简单的循环语句调用计算并显示不同图形（三角形、矩形和圆形）面积的函数：

1）Shape类中 virtual void GetArea(){} 定义了虚函数 GetArea()，Shape 的派生类 Circle、Triangle 和 Rectangle 中同型的 GetArea() 函数自动成为虚函数。

2）主函数 main() 中"Shape *s[3];"语句定义了 Shape 类的指针 s[0]，s[1] 和 s[2]。

3）"s[0]=new Circle(2)；s[1]=new Triangle(2, 3)；s[2]=new Rectangle(3, 4)；"三个语句利用了赋值兼容性，将指向基类 Shape 的指针分别指向其派生类 Circle，Triangle 和 Rectangle。

4）Shape 类中的虚函数 virtual void GetArea() 实现部分为空，主函数循环语句中"s[i]->GetArea());"在运行时，根据指针实际指向的对象调用其 GetArea() 函数实现不同的功能。

5）使用虚函数提高了程序的可扩充性和灵活性。如上面的例子，可以再派生出新的图形类而不需要改变程序的总体结构。

7.3 虚析构函数

析构函数是由类自动调用的，当需要释放动态申请的内存空间时，析构函数显得格外重要。在带有继承关系的类层次中，要删除基类指针，需要运行基类的析构函数，但如果对象实际是派生类类型，则可能不能保证运行到派生类的析构函数，这时需要将基类中的析构函数定义为虚函数。需要注意的是：构造函数不能是虚函数。

【例 7-7】写出下列程序的运行结果。

```cpp
#include <iostream>
using namespace std;
class A{
public:
    A(){
        cout<<"A"<<endl;
        }
        ~A(){
        cout<<"~A() is called!"<<endl;
    }
};
class B : public A{
    int *p;
  public:
    B(){
        cout<<"B"<<endl;
        p=new int[10];
    }
    ~B(){
        delete []p;
        cout<<"~B() is called!"<<endl;
    }
};

int main(){
    A *a=new B;
    delete a;
    return 0;
}
```

程序的运行结果为：

```
A
B
~A() is called!
```

"delete a；"语句删除对象指针 a，隐含着对析构函数的调用。因为 a 是由基类 A 定义，虽然"A*a=new B；"语句让其指向了派生类 B，但由于基类 A 的析构函数没有声明为虚析构函数，所以"delete a；"语句调用析构函数时调用的还是基类 A 的析构函数。这样产生的后果是 B 中动态申请的空间没有真正释放掉。所以，当用一个基类的指针删除一个派生类的对象时，为了使得派生类的析构函数会被调用，就要把基类的析构函数写成虚函数。

将基类 A 中的析构函数：

```
 ~A() {
       cout<<"~A() is called!"<<endl;
 }
```

改为虚析构函数则可以解决上述问题：

```
virtual ~A() {
       cout<<" ~ A()is called"<<endl;
   }
```

修改后程序的运行结果为：

```
~B() is called!
~A() is called!
```

由于派生类对象初始化时是先调用基类的构造函数，在调用基类构造函数时其派生部分还未初始化；而派生类对象撤销时是先调用派生类的析构函数，在调用派生类析构函数时其基类部分还未撤销，所以对象本身是不完整的。如果在构造函数和析构函数中调用虚函数，调用的是其自身定义的虚函数，不能实现动态绑定。基类的构造函数不能定义为虚函数，因为基类构造函数运行时，对象的动态类型还不完整。

7.4   纯虚函数和抽象类

如果在基类中不能为虚函数给出一个有意义的定义，则可以将其说明为纯虚函数；如例 7-6 中 Shape 类定义的 GetArea() 函数，它在 Shape 类中的实现部分为空，也没有实在的意义，因此可以将它说明为纯虚函数。纯虚函数在定义它的基类中不给出具体实现，它仅起到为派生类提供一个一致接口的作用，而在其派生类中则必须提供它的实现代码。

纯虚函数的定义格式如下：

```
virtual <返回类型> <函数名>(形参)=0;
```

例如：

```
virtual void GetArea()=0;
```

要注意纯虚函数与空的虚函数的区别。空的虚函数指的是实现部分为空的虚函数，例如：

```
virtual void GetArea(){};
```

我们把至少包含一个纯虚函数的类称为抽象类。抽象类提供了同一继承层次类族的公共接口，可以把各类共有的成员函数集中在抽象类中声明为纯虚函数，而各类提供这些纯虚函数的不同实现细节。抽象类只能作为基类来派生新类，不能说明抽象类的对象，但可以说明指向抽象类对象的指针。

例如：

```
class Shape{
public:
   virtual void GetArea()=0;
};
```

则：

```
Shape s1;                        // 错误
Shape *s2;                       // 正确
```

【例 7-8】纯虚函数应用。

```
# include <iostream>
# include <ctime>
using namespace std;
class Animal{
public:
    virtual void eat()=0;
};
class Cat :public Animal{
public:
    void eat(){
cout<<" 吃鱼 \n";
    }
};
class Dog:public Animal{
public:
    void eat(){
cout<<" 啃骨头 \n";
    }
};
class Duck:public Animal{
public:
    void eat(){
        cout<<" 吃草 \n";
    }
};
int main(){
    Animal *a;
    while(1){
        srand(time(NULL));        // 产生随机数的种子
        if(rand()%10<5)
            a = new Cat();
        else
            a = new Dog();
        a->eat();                 // 随机调用不同类的 eat() 方法
    }
    return 0;
}
```

上列程序中，Animal 类是基类，提供了公共接口 eat()。派生类 Cat, Dog, Duck 提供了接口的实现，程序运行时，根据机器产生的随机数调用不同类 eat() 方法的实现。

7.5　应用实例

【例 7-9】某公司有四类人员：经理、工人、销售经理、销售员。现在需要存储这些人员的姓名、编号、工龄信息，为其计算总工资并显示姓名、编号和总工资。各类人员的总工资的计算方式不同，其中经理的总工资由固定工资和工龄工资组成，工人的总工资由固定工资、工龄工资和工时工资组成，销售员的总工资由工龄工资和月销售额的 5% 组成，销售经理的总工资由固定工资、工龄工资和月销售额的一部分组成。工龄工资 = 工龄 *50，工时工资 =100* 工时。

根据第 1 章的分析，我们有图 7-3 所示的对象模型图。

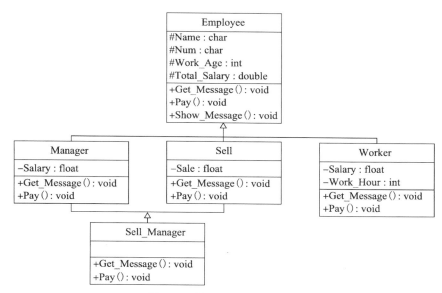

图 7-3   例 7-9 的对象模型图

完整的程序如下：

```
#include <iostream>
using namespace std;
class Employee{
protected:
    char Name[30];
    char Num[5];
    int Work_Age;
    double Total_Salary;
public:
    virtual void Get_Message();
    virtual void Pay()=0;
    void Show_Message();
};
class Manager:virtual public Employee{
protected:
    float Salary;
public:
    Manager(){};
    void Get_Message();
    void Pay();
    ~Manager(){};
};
class Worker:public Employee{
    float Salary;
    int Work_Hour;
public:
    Worker(){};
    void Get_Message();
    void Pay();
    ~Worker(){};
};
class Sell:virtual public Employee{
protected:
```

```cpp
    float Sale;
public:
    Sell(){};
    void Get_Message();
    void Pay();
    ~Sell(){};
};
class Sell_Manager:public Sell,public Manager{
public:
    Sell_Manager(){};
    void Get_Message();
    void Pay();
    ~Sell_Manager(){};
};
void Employee::Get_Message(){
    cout<<" 请输入姓名: ";
    cin>>Name;
    cout<<endl<<" 请输入编号: ";
    cin>>Num;
}
void Employee::Show_Message(){
    cout<<"Name:"<<Name<<endl;
    cout<<"Num:"<<Num<<endl;
    cout<<"Total_Salary:"<<Total_Salary<<endl;
}
void Manager::Get_Message(){
    Employee::Get_Message ();
    cout<<endl<<" 请输入固定工资: ";
    cin>>Salary;
    cout<<endl<<" 请输入工龄: ";
    cin>>Work_Age;
    cout<<endl;
}
void Manager::Pay(){
    Total_Salary=Salary+Work_Age*50;
}
void Worker::Get_Message(){
    Employee::Get_Message ();
    cout<<endl<<" 请输入固定工资: ";
    cin>>Salary;
    cout<<endl<<" 请输入工时: ";
    cin>>Work_Hour;
    cout<<endl<<" 请输入工龄: ";
    cin>>Work_Age;
    cout<<endl;
}
void Worker::Pay(){
    Total_Salary=Salary+100*Work_Hour+50*Work_Age;
}
void Sell::Get_Message(){
    Employee::Get_Message ();
    cout<<endl<<" 请输入工龄: ";
    cin>>Work_Age;
    cout<<endl<<" 请输入销售额: ";
    cin>>Sale;
    cout<<endl;
}
```

```
void Sell::Pay(){
    Total_Salary=Work_Age*50+Sale*0.05;
}
void Sell_Manager::Get_Message(){
    Employee::Get_Message ();
    cout<<endl<<" 请输入固定工资: ";
    cin>>Salary;
    cout<<endl<<" 请输入工龄: ";
    cin>>Work_Age;
    cout<<endl<<" 请输入销售额: ";
    cin>>Sale;
    cout<<endl;
}
void Sell_Manager::Pay(){
    Total_Salary=Salary+Work_Age*50+Sale*0.005;
}
int main(){
    char yn;
    int choose;
    Employee *Employee[4];
    Employee[0]=new Manager;
    Employee[1]=new Worker;
    Employee[2]=new Sell;
    Employee[3]=new Sell_Manager;
    while(1){
        cout<<" 请选择要计算的类别: "<<endl;
        cout<<"    0- 管理人员 "<<endl;
        cout<<"    1- 工人      "<<endl;
        cout<<"    2- 销售人员 "<<endl;
        cout<<"    3- 销售经理 "<<endl;
        cout<<" 请输入: ";
        cin>>choose;
        cout<<endl;
        Employee[choose]->Get_Message();
        Employee[choose]->Pay();
        Employee[choose]->Show_Message();
        cout<<" 是否继续 (y/n):";
        cin>>yn;
        if(yn!='Y' && yn!='y')
            break;
    }
    return 0;
}
```

例 7-9 是对前面章节所学内容的完整应用，既用到了多重继承中的虚基类，又用到了抽象类。读者应仔细体会抽象类 employee 中三个成员函数在使用时的区别：

```
virtual void Get_Message();
virtual void Pay()=0;
void Show_Message();
```

【例 7-10】请用面向对象的方法设计一个异质链表，用来存放例 7-9 中各类人员的信息。所谓异质链表是指链表中各个节点的内容不必相同，如节点中可以存放学生的信息，也可以存放教师或职员的信息。通过对链表实现增加节点、删除节点、输出节点中的信息来实现对人员的管理。

链表由一组节点连接组成，每个节点有两个域，一个称为数据域，一个称为指针域，数据域用来存放数据，指针域存放下一个节点的地址。所以链表只需要顺着指向第一个节点的指针往后找，就可以找到链表中所有的节点。指向第一个节点的指针称为头指针，第一个节点称为首元节点，有时在链表的第一个节点前增加一个节点，其数据域不存放数据，指针域指向链表的首元节点，则这个节点称为头节点。图 7-4 是不带头节点的链表的示意图。

图 7-4　不带头节点的链表

对链表的操作包括：遍历链表，输出各节点的数据；向链表中插入一个节点；查找链表中某节点的信息；删除链表中的某个节点等。

链表数据域如果存放的数据是一致的，比如，每个节点存放都是整型数据或字符型数据或是某类人员的信息，则称该类链表为同质的，反之，若同一个链表各节点的数据类型不一致，则称该链表为异质链表，如本题中，要求同一个链表中要存放经理、工人、销售经理、销售员四类人员的信息，而这四类人员的信息显然是各不相同的。

为实现按编号查找人员的信息，在例 7-9 的基类 Employee 中增加下列成员函数，类定义其他部分保持不变：

```
char *Employee::GetNum(){
 return Num;
}
```

以下是异质链表类的定义：

```
#include"employee.h"
struct Node
{
 Employee *data;    //节点的数据域用基类表示
 Node *next;
 Node(){};
};
class List{
protected:
    Node *head;
public:
    List(){
        head=0;
    }
    void Insert(Employee *newnode);         //在表头插入节点
    bool IsEmpty();                         //判断链表是否为空
    int  SearchNode(char *num);             //查找并显示编号为 num 的节点信息
    void ClearList();                       //链表清空
    void OutputList();                      //输出链表中各节点信息
    ~List(){
        ClearList();
    }
};
```

以下是上述异质链表类的实现部分：

```
#include <string>
```

```
#include"mylist.h"
using namespace std;
void List::Insert(Employee *newnode){
//在链表头插入节点
        Node *temp=new Node;
        temp->data=newnode;
        temp->next=head;
        head=temp;
}
bool List::IsEmpty(){
    if(head!=NULL) return false;
    else return true;
}
void List::ClearList(){
    Node *temp,*p;
    temp=head;
    p=temp;
    while(temp!=NULL){
        p=temp;
        temp=temp->next;
        delete p;
    }
}
void List::OutputList(){
    Node *temp=head;
    while(head){
        head->data->Show_Message();        //调用相应对象的成员函数
        head=head->next;
    }
        head=temp;
        cout<<endl;
}
int List::SearchNode(char *num){
    Node *temp=head;
    while(temp!=NULL){
      if(!strcmp(temp->data->GetNum(),num))
      {                                        //链表节点数据域的编号与所要查找的编号相同
        cout<<" 查找成功 "<<endl;
        temp->data->Show_Message();
        return 1;
        }
      temp=temp->next;
    }
    cout<<" 没有此编号的人！ "<<endl;
    return 0;
}
```

以下是异质链表类的简单调用：

```
#include <iostream>
#include "mylist.h"
using namespace std;
int main(){
    List list1;
    Employee *s[4];
    s[0]=new Manager;                        //赋值兼容性
    s[1]=new Worker;
```

```
            s[2]=new Sell;
            s[3]=new Sell_Manager;
            for(int i=0;i<4;i++){
                s[i]->Get_Message();        // 多态性调用
                s[i]->Pay();
                list1.Insert(s[i]);
            }
            list1.OutputList();
            char num[5];
            cout<<" 输入要查到人员编号: ";
            cin>>num;
            list1.SearchNode(num);
            return 0;
        }
```

习题

1. 什么是多态性？多态性分几种？

2. 什么是联编？什么是静态联编？什么是动态联编？

3. 什么是虚函数？什么是纯虚函数？它们之间有何区别？各自如何使用？

4. 当基类指针指向派生类对象时，通过该指针可以指向基类的哪些成员？

5. 列举动态联编需要满足的条件。

6. 纯虚函数是一个在基类中说明却没定义的虚函数，但要求在它的派生类中必须定义自己的版本，或重新说明为纯虚函数。那么，函数 void Compute() 的纯虚函数的定义形式为_____。

7. 什么是抽象类？使用抽象类时要注意哪些事项？

8. 选择下列程序的输出。

```
class BASE{
  char c;
public:
  BASE(char n):c(n){}
  virtual ~BASE(){ cout<<c; }
};
class DERIVED:public BASE{
    char c;
public:
    DERIVED(char n):BASE(n+1),c(n){}
    ~DERIVED(){cout<<c;}
};
int main(){
    DERIVED('X');
    return 0;
}
```

执行上面的程序将输出（   ）。

A)XY   B)YX   C)X   D)Y

9. 下列程序的输出结果为 2，请将程序补充完整。

```
class Base{
 public:
    _____ void fun() {
    cout<<1;
    }
};
```

```
class Derived:_____Base{
 public:
   _____{
     cout<<2;
   }
};
int main(){
  Base *p= new Derived;
  p->fun();
  delete p;
  return 0;
  }
```

10. 画出下面程序中类与类之间的关系图，给出程序的输出结果。将类 Vehicle 中的 message(void) 函数改为：

```
virtual void message(void) {cout << "Vehicle message\n"; }
```

再写出修改后程序的运行结果。

```
class Vehicle{
    int wheels;
public:
    void message(void){
        cout << "Vehicle message\n";
    }
};
class car : public Vehicle{
public:
    void message(void){
        cout << "Car message\n";
    }
};
class truck : public Vehicle{
    int passenger_load;
public:
    int passenger(void){
        return passenger_load;
    }
};
class boat : public Vehicle{
    int passenger_load;
public:
    void message(void){
        cout << "boat message\n";
    }
};
int main(){
    Vehicle *unicycle;
    unicycle = new Vehicle;
    unicycle->message();
    unicycle = new car;
    unicycle->message();
    unicycle = new truck;
    unicycle->message();
    unicycle = new boat;
    unicycle->message();
```

```
        return 0;
    }
```

11. 编写程序计算正方体、球体和圆柱体的表面积和体积。

12. 某小公司中的职员分为三类：工人、销售员及经理，他们的基本信息如下：

工人：姓名、编号、工龄、总工资；

销售员：姓名、编号、销售额、总工资；

经理：姓名、编号、级别、总工资；

总工资的计算方式如下：工人工资＝基本工资＋工龄 ×50；销售员的工资＝ 1000+ 销售额 ×10%；

经理工资＝基本工资＋级别 ×500。

请用面向对象的方法设计一个完整的程序，程序的功能要求能输出各类人员的姓名、编号、总工资信息。

要求：

1）定义一个抽象的职员类，并画出类间的关系图；

2）写出各类人员的类定义，实现相关的成员函数；

3）写出验证性的主函数。

实验：多态性

实验目的

1. 掌握使用虚函数实现多态性。

2. 学习纯虚函数的使用。

实验任务及结果

1. 将 Shape 基类定义为抽象类，其成员函数 GetArea() 为虚函数，由 Shape 类派生出 Circle 类（圆）和 Rectangle 类（矩形），并由 Rectangle 类派生出 Square 类（正方形），它们都利用 GetArea() 函数计算图形面积。根据下列调用语句，分别写出各个类的定义，并且成功地调试运行程序。

```
Shape *s[5];
s[0]=new Circle(2);
s[1]=new Circle(3);
s[2]=new Rectangle(3, 4);
s[3]=new Rectangle(4, 5);
s[4]=new Square(5);
for(int i=0; i<5; i++)  cout<<s[i]->GetArea()<<endl;
```

2. 大学中的人员分为三类：学生，教师和职员，他们的基本信息如下：

学生：姓名、学号、语文成绩、数学成绩、总成绩（＝语文成绩＋数学成绩);

教师：姓名、身份证号、基本工资、补贴、总工资（＝基本工资＋补贴);

职员：姓名、工号、基本工资、工龄工资、总工资（＝基本工资＋工龄工资)。

现在需要管理各类人员的信息。请用面向对象的方法设计一个程序。

要求：

1）画出类间的关系图。

2）写出各类人员的类定义；

3）设计存储结构存储各类人员的信息，并实现各类人员的增加、删除、根据学号或身份证号修改成绩或工资、各项信息输出；

4）以菜单进行功能选择。写出验证性的主函数。

第8章　模板和 STL

模板是 C++ 中的一个重要特性，使用模板可以建立具有通用类型的函数库或类库。模板为一系列形式上相似的函数或类创建了一个框架，从而可以减少重复工作。C++ 中的模板分为函数模板和类模板，本章讲解模板的概念、类模板和函数模板的定义及使用以及标准的模板库。

8.1　模板的概念

先来看一个例子，如下两个函数：

```
1）int add(int a,int b){
       return a+b;
   }
2）double add(double a, double b) {
       return a+b;
   }
```

这两个函数的名字相同，参数个数相同，实现部分也相同，所不同的只是参数类型和返回值类型。如果将参数类型和返回值类型用符号 T 来表示，则上面两个函数可以用如下形式的通用函数来表示：

```
T add(T a, T b){
   return a + b;
}
```

这里的 T 也称为模板参数。

对于上面通用形式的函数，只要在调用时用 int 或 double 代入 T，即将数据类型 int 或 double 作为参数传递给 T，则可以分别实现对函数 1）和函数 2）的调用。上面通用形式的 add() 函数即为函数模板。

再来看一个例子，如下两个类 A 和 B：

```
class A{
   int i;
public:
   A(int a) {
       i=a;
   }
   void set(int b){
       i=b;
   }
};
class B{
   double i;
public:
   B(double a){
```

```
        i=a;
    }
    void set(double b){
        i=b;
    }
};
```

上面的类 A 和类 B 结构相同，仅有数据成员的数据类型不同。此时如果将数据成员的数据类型用 T 代替，则可以得到下面的通用类：

```
class C{
    T i;
public:
    A(T a){
        i=a;
    }
    void set(T b){
        i=b;
    }
};
```

在建立对象时，只要用 int 或 double 代入 T，即将数据类型 int 或 double 作为参数传递给 T，则可以分别得到类 A 和类 B 的对象，上面的类 C 称为类模板。

综上所述，可以得出：模板是一种对数据类型进行参数化的工具。通常有两种形式的模板：函数模板和类模板，其中函数模板针对仅有参数类型不同的函数，类模板针对仅有数据成员和成员函数类型不同的类。使用模板时，通过给模板参数赋予不同的数据类型，则可以得到不同的函数调用或类对象。引进模板可以避免重复性劳动，并可以增加程序的灵活性和可重用性。

8.2 函数模板

函数模板是对一组函数的抽象，它的定义格式如下：

```
template <class T1, class T2, …>
<返回类型> 函数名 (<形参表>){
    <函数体>
}
```

上述定义中：

1）template 是模板的定义标志，表示下面声明的函数是一个函数模板。<class T1, class T2, …> 是模板参数表，T1, T2, … 为模板形参。这里的 class 不是类，它是一个标志，表示其后的模板参数 T1, T2, … 是参数化的类型名。

2）与函数模板的形参表相匹配的函数调用称为一个模板函数。

3）在使用函数模板时，要先对模板参数实例化，即用实际的数据类型替换模板形参。在调用过程中，系统用调用函数的实参类型自动对模板参数进行实例化。

【例 8-1】编写求两个数中最大数的函数模板。

```
#include <iostream>
using namespace std;
template <class T>
T max(T a, T b){                    //T 为模板参数
```

```
        return a<b? b:a;
    }
    int main(){
        cout<<max(5, 8)<<endl;              //模板函数 1
        cout<<max(5.5, 6.7)<<endl;          //模板函数 2
        cout<<max('A', 'B')<<endl;          //模板函数 3
        return 0;
    }
```

例 8-1 中，max 是一个函数模板，当使用不同的数据类型替换 T 时，可以实现求不同类型数据 a 和 b 的最大值。程序运行时，根据调用函数实参的不同，T 自动取相应的类型。例如，"模板函数 1"中，T 自动实例化为 int；"模板函数 2"中，T 自动实例化为 double；"模板函数 3"中，T 自动实例化为 char。

【例 8-2】编写求 2 个数、3 个数和多个数中最小数的函数模板，并使用不同类型的数据测试其执行结果。

```
template <class M>
M min(M a, M b) {                          //求 a,b 两个数中的较小数
    return a<b?a:b;
}
template <class M>
M min(M a, M b, M c){                       //求 a,b,c 三个数中的最小数
    M temp=a<b? a:b;
    return temp<c? temp:c;
}
template <class M>
M min(M s[], int n){                        //求数组 s[n] 中的最小数
    M temp=s[0];
    for(int i=0; i<n; i++)
        if(temp>s[i])
            temp=s[i];
    return temp;
}
```

对模板的调用例子如下：

```
char s[]="bcefgha";
cout<<min(1, 2)<<endl;
cout<<min(2, 3, 4)<<endl;
cout<<min(s, 7)<<endl;
```

以上三个函数都是模板，而且这三个函数的模板名称相同，但参数个数不同，所以它们又是重载函数。这说明函数模板可以像普通函数一样重载。

函数模板与重载函数可以一起使用，在调用时约定：

1）先寻找函数模板。

2）如找不到相应的函数模板，则寻找重载函数。

3）如再找不到重载函数，则进行强制类型转换（此时可能丢失精度）。

【例 8-3】阅读程序，写出程序运行结果。

```
#include <iostream>
using namespace std;
template <class  T>
```

```
T max(T x, T y){
    cout<<"template:";
    return (x>y)? x:y;
}
int max(char x, int y){
    cout<<"Loading function1:";
    return (x>y)?x:y;
}
int max(int x, char y){
    cout<<" Loading function2:";
    return (x>y)?x:y;
}
int main(){
    int i=10;
    char c='a';
    double d=15.67;
    cout<<max(i, i)<<endl;        // 调用 1
    cout<<max(c, c)<<endl;        // 调用 2
    cout<<max(i, c)<<endl;        // 调用 3
    cout<<max(c, i)<<endl;        // 调用 4
    cout<<max(d, d)<<endl;        // 调用 5
    cout<<max(d, i)<<endl;        // 调用 6
    return 0;
}
```

在 VC++6.0 中，程序的运行结果为：

```
template:10
template:a
Loading function2:97
Loading function1:97
template: 15.67
Loading function1:15
```

以上实现了三个相同名称，而参数特征不同的函数 max，这三个函数实现了重载，且第一个 max 函数同时也是一个模板。对于相同类型的实参，调用的是函数模板 max，如调用 1、调用 2 和调用 5；对于实参与形参类型完全一致的函数调用，则进行一致性调用，如调用 3 和调用 4；对于类型有所不同的函数调用，则需要经过隐式类型转换，如调用 6。

但是在 Dev C++ 中，上述程序编译时，在调用 1 处，产生如下的编译错误：

```
[Error] call of overloaded 'max(int&, int&)' is ambiguous
```

原因是其余两个函数也可以通过类型转换实现调用。在调用 2 和调用 5 处，也产生类似的编译错误。而调用 6 调用了 int max(char x, int y) 函数。

【例 8-4】模板函数错误的调用。

```
#include <iostream>
using namespace std;
template <class T>
T fun(T x,T y){
    return x*y;
}
int main(){
 cout<<fun(1,2)<<endl;
```

```
cout<<fun(1,2.5)<<endl;
return 0;
}
```

在 Dev C++ 中编译上述程序，提示错误信息：

```
[Error] no matching function for call to 'fun(int, double)'
```

8.3　类模板

类模板是对一组类的抽象，其定义格式如下：

```
template <class T1, class T2, …>
class 类名 {
    …
};
```

上述定义中：

1）类模板定义了一组类，在这组类中数据成员的类型或成员函数的类型不局限于某一个具体类型。

2）定义类模板与定义函数模板一样使用关键字 template；<class T1, class T2, …> 是模板参数表，且模板参数的个数不能少于一个；class 不是类，它是一个标志，表示其后的 T1，T2，…为参数化的数据类型名。

3）类模板中的成员函数都是函数模板，在类体外定义成员函数时应将其定义成函数模板。

4）初始化类模板时，传给它具体的数据类型，就产生了模板类。

在使用类模板时，以如下方式生成一个具体类型的模板类对象：

```
类名 < 具体类型名 > 对象名；
```

类模板的使用实际上是将类模板实例化为一个具体的对象。

【例 8-5】下面的简单程序举例说明类模板的定义及使用。

```
#include <iostream>
using namespace std;
template <class T>
class Base{
    T a;
 public:
    Base(T a){
        this->a=a;
    }
    T GetA() {
        return a;
    }
};
int main(){
    Base<int> myB(1);          // 定义语句 1
    Base<double> yourB(1.5);   // 定义语句 2
    cout<<myB.GetA()<<endl;
    cout<<yourB.GetA()<<endl;
    return 0;
}
```

编译程序编译时，以"定义语句 1"处的 int 实例化类模板中的 T，从而由类模板产生一个类型是 int 的数据成员 a 的模板类，myB 是该类的对象；以"定义语句 2"处的 double 实例化类模板中的 T，从而由类模板产生一个类型是 double 的数据成员 a 的模板类，yourB 是该类的对象。

上述"T GetA();"在类外实现时的格式为：

```
template <class T>
T Base<T>::GetA(){
    return a;
}
```

【例 8-6】使用模板实现操作受限的链表。

链表由各个节点链接组成，每个节点存放的数据类型相同，如图 8-1 所示。各种链表的基本操作都是一样的，包括节点的插入、删除以及在链表中查找给定的值，等等，所以可以将节点声明成一个结构模板，然后定义链表类模板，结构模板和链表类模板使用同样的模板参数 T。本例中实现了一个链表，并且限定链表的插入和删除操作均在链表的头部进行，这种操作受限的链表也叫链栈。链表的基本操作包括：链表的插入（入栈）、链表的删除（出栈）、判断链表是否为空、清空链表等。例子中用 int 类型和 char 类型来使用该模板。

图 8-1　链表

```
#include <iostream>
using namespace std;
template <class T>
struct Node                    // 定义节点类型
{
    T data;
    Node<T> *next;
};
template <class T>             // 类模板 Stack
class Stack{
    Node<T> *Head;            // 链表头指针
public:
    Stack(){
        Head=0;
    }
    void Push(T New);         // 链表的插入（入栈）
    void Pop();               // 链表的删除（出栈）
    bool IsEmpty();           // 判断链表（栈）是否为空
    void Clear();             // 清空链表（栈）
};
template <class T>
void Stack<T>::Push(T New){
    Node<T> *ptr=new Node<T>;
    ptr->data=New;
    ptr->next=Head;
    Head=ptr;
}
template <class T>
```

```cpp
void Stack<T>::Pop(){
    Node<T> *ptr;
    if (IsEmpty())
        cout<<"The Stack is empty!"<<endl;
    else{
        ptr=Head;
        Head=Head->next;
        cout<<"Element "<<ptr->data<<"is deleted!"<<endl;
        delete ptr;
    }
}
template <class T>
bool Stack<T>::IsEmpty(){
    if (Head==0)
        return true;
    else
        return false;
}
template <class T>
void Stack<T>::Clear(){
    Node<T> *ptr=Head;
    while(Head)
    {
        ptr=Head;
        Head=Head->next;
        delete ptr;
    }
}
int main(){
    // 整型链表（栈）
    Stack<int> *myStack=new Stack<int>;
    cout<<"begin:"<<myStack->IsEmpty()<<endl;
    cout<<"Insert 1"<<endl;
    myStack->Push(1);
    cout<<"Insert 2"<<endl;
    myStack->Push(2);
    myStack->Pop();
    cout<<"end:"<<myStack->IsEmpty()<<endl;
    // 字符链表（栈）
    Stack<char> *myStack1=new Stack<char>;
    cout<<"begin:"<<myStack1->IsEmpty()<<endl;
    cout<<"Insert a"<<endl;
    myStack1->Push('a');
    cout<<"Insert b"<<endl;
    myStack1->Push('b');
    myStack1->Pop();
    myStack1->clear();
    cout<<"end:"<<myStack1->IsEmpty()<<endl;
    return 0;
}
```

程序中，Stack 是一个类模板，其成员函数功能如下：

    Push() 用于元素的插入操作；

    Pop() 用于从链表中删除一个元素；

    IsEmpty() 用于判断链表是否为空；

Clear() 用于清空链表。

"Stack<int> *myStack=new Stack<int>；"定义了一个整型模板类，myStack 是指向该模板类的对象指针；"Stack<char> *myStack1=new Stack<char>；"定义了一个字符型模板类，myStack1 是指向该模板类的对象指针。

程序的运行结果为：

```
begin:1
Insert 1
Insert 2
Element 2 is deleted!
end:0
begin:1
Insert a
Insert b
Element b is deleted!
end:0
```

8.4   STL

8.4.1   C++ 标准库和 STL 简介

C++ 强大的功能来源于其丰富的类库及库函数资源。C++ 标准库（C++ Standard Library）由 C++ 标准委员会制定，提供了类库和函数的集合，并被所有符合 C++ 标准的编译器支持。编程时尽量使用 C++ 标准库中提供的资源，可以降低开发成本，提高质量。C++ 标准库中保留了大部分 C 语言的系统函数。C++ 标准库中提供的主要支持功能包括：

1）语言支持：提供整个标准库中使用到的通用类型的定义，如预定义类型的特征、支持启动和终止 C++ 程序的功能、对动态内存分配的支持、对动态类型标识的支持，并提供异常处理和其他运行时支持。

2）诊断：包括异常处理的组件、程序断言的组件和用于错误代码的全局变量。

3）通用工具：为标准 C++ 库的其他部分提供支持的组件，包括 STL 使用的组件和函数对象、动态内存管理工具、日期/时间工具，以及来自 C 语言库的内存管理组件。

4）字符串：用于操作"字符"序列的组件，此库提供了类模板 basic_string，定义了串的基本属性，string 和 wstring 类型是该库中提供的预定义模板的实例化。

5）地方化支持：包括对字符集的支持、对数值、货币和日期/时间格式化和解析的支持，以及消息抽取等。

6）数值操作：提供数学运算的组件、用于复数类型和数值数组的组件，以及来自 ISO C 语言库的工具。

7）输入/输出：支持流输入/输出，包括用于预定义的 iostream 对象、iostream 基类、流缓冲、流格式化、流操作、字符串流、文件流的组件。

8）标准 C 语言库。

9）标准模板库（STL）：提供了对广泛使用的算法和数据结构的访问支持，提供了大量可编程的算法，用于处理排序、查找和其他通用任务。

C++ 标准库的组成如图 8-2 所示。

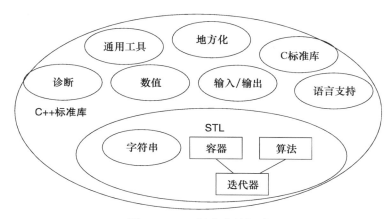

图 8-2   C++ 标准库的组成

标准模板库 STL（Standard Template Library）是 C++ 标准程序库的一部分，其中包含了一些广泛使用的基本数据结构和基本算法。学过数据结构课程的人都编写过链表（linked list）、栈（stack）或队列（queue）、查找和排序程序。以链表为例，在实际的软件开发工作中，复杂的应用可能需要在单个程序中设计几个不同元素类型的链表，如果每次链表节点存储的是用户新定义的数据类型，则整个链表都需要重新设计。C++ 语言通过 C++ 标准库提供了通用编程任务需要使用的通用组件。

对不同的元素类型使用同样的基本数据结构和操作的能力称为泛型（Generics），泛型编程的目的就是让程序更加通用，能够适用于各种数据类型与数据结构。一种最简单的实现泛型的方法是用 typedef 语句选择数据结构里的元素类型，另一种是利用 C++ 的模板机制实现通用算法，而更方便的方法是直接利用 C++ 标准库中的 STL。通过使用 STL，开发人员可以将主要精力集中在程序的高层逻辑上而不是底层操作，这样可以提高开发效率。

STL 是以模板形式提供的编程组件，STL 的头部可组织成三个主要的概念：容器、迭代器（Iterator）和算法（Algorithm），另外还包括函数对象、适配器（Adapter）和分配器(Allocator)。

1）容器是数据的载体，用来存放数据，提供了用于组织数据的灵活方便的模板类，包括各种数据结构。下面是几种常用的容器：

<vector>：向量，类似于大小可动态增加的数组类型，可以存放不同类型的数据，包括对象，并实现对数组元素的随机访问，支持尾部快速的插入和删除操作。

<list>：双向链表，可以在任意位置插入和删除元素并实现两个方向的遍历。

<deque>：双端队列，类似于 veetor，不同之处是支持前 / 后快速的插入和删除操作。

<set>：集合，集合中元素唯一且所有的元素都是按大小排列好的，支持快速查找和两端的插入、删除操作。

<map>：映射，由 { 键，值 } 对组成的集合，用于对数据进行快速和高效的检索，通过键可以迅速找到与其对应的值。

2）迭代器是一种泛化指针，用于粘合算法和容器，包含在头文件 <iterator> <utility> <memory> 中。算法通过迭代器来定位和操控容器中的元素，迭代器通过自增自减来遍历容器中的所有成员。

3）STL 提供了一组处理排序、查找及其他通用任务的可编程的算法，包含在头文件 <algorithm> <numeric> <functional> 中，用于操控各种容器（实际是操控存储在其中的对象序列）。例如：

find 算法用于在容器中查找等于某个特定值的元素。

for_each 算法用于将某个函数应用到容器中的各个元素上。

sort 算法用于对容器中的元素排序。

4）函数对象是为算法服务的，通过配置不同的函数对象，可以改变算法的计算策略。

5）适配器是一种接口类，通过对已有的容器、迭代器和函数对象的改造，可以生成新的编程组件。对容器限定操作，得到常见的容器适配器如：

<queue>：队列，是先进先出的数据结构，即先进入容器的数据元素先出队列。

<stack>：堆栈，是后进先出的数据结构，先进入栈容器中的数据元素先出栈。

6）分配器是为容器服务的，负责其内存空间的分配和管理。每种 STL 容器都使用了一种分配器类 allocator，用来封装内存分配的信息，必要时，用户可自行定制分配器。如 allocator<string>alloc；定义了一个可以分配 string 类型数据的 allocator 对象，而 alloc.allocator(10)；则分配了一段内存，用于存放 10 个 string 类型的数据。

作为一个泛型化的数据结构和算法库，STL 为 C++ 程序设计者提供了一个可扩展的应用框架，它很好地体现了泛型编程的思想，高度体现了软件的可重用性。就模板和 STL 之间的关系来说，C++ 在引入了"模板"之后才直接导致了 STL 的诞生；而 STL 对于 C++ 的发展，尤其是模板机制的发展，也起到了较大的促进作用。

8.4.2　vector

STL 定义了多种类模板，包括 vector（向量，类似于大小可动态增加的数组）、list（链表）、queue（队列）、stack（堆栈）、set（集合）、map（映射）、string（字符串），等等。下面通过介绍 vector 类模板介绍 STL 类模板的一般使用方法。关于其他类模板的使用细节，读者可参阅其他相关文档。

1. vector 数据类型的定义

vector 类模板提供了对类型为 T 的数据值序列的某些随机操作，用于控制类型 T 的元素的变长序列，该序列被存储为 T 的数组。vector 可以看作是动态数组，其特点就是可以在运行时动态高效地增加元素。vector 作为 STL 中的一种类模板，是容器、迭代器和算法的结合，容器意味着可以包含其他类型的对象，并且其中的所有对象都必须属于同一种类型；迭代器意味着可以对容器内的任意元素进行定位和访问；而算法则意味着在其中可以实施一组标准的操作。

vector 容器可以包含各种类型的对象，如 int 类型、float 类型、string 类型等，容器及其所包含的类型共同构成了数据类型，如 vector<int>、vector<float> 和 vector<string> 都是数据类型。

2. vector 对象的基本操作

1）构造函数

vector 定义了一系列构造函数，包括：

```
vector<T> vec_name;            // 定义了用于保存 T 类型对象的 vector
vector<T> vec_name(int n);     // 可保存 n 个 T 类型对象的 vector
vector<T> vec_name(int n, T t); // 保存 n 个 T 类型对象的 vector 且初值均为 t
vector<T> vec_name(vector);    // 拷贝构造函数
```

例如：

```
vector<int> vec1;              // vec1 用于保存 int 类型的对象
```

```
vector<float> vec2(10);        // vec2 用于保存 10 个 float 类型数据的对象
vector<string> vec3;           // vec3 用于保存 string 类型的对象
```

2）赋值操作

assign() 成员函数用于为 vector 中的对象赋值，例如，下面两条语句定义了一个用于保存 10 个 int 类型对象的 vector，并给 10 个对象均赋以整型值 5：

```
vector<int> veci(10);
veci.assign(10, 5);
```

上面两条语句等价于：

```
vector<int> veci(10, 5);
```

3）数据追加操作

push_back() 成员函数用于向 vector 容器中追加一个对象，该对象存储在容器中已有的所有对象之后，例如：

```
vector<int> veci(10);
veci.assign(3, 5);             // 将容器中存入 3 个对象（第 0～2 个），其值为 5
veci.push_back(7);             // 向容器中追加一个对象（第 3 个），值为 7
```

4）取指定位置对象

at() 成员函数用于返回容器中指定下标的对象，注意同数组下标，vector 容器中元素的下标亦从 0 开始计算。例如：

```
cout<<veci.at(2)<<endl;
```

back() 成员函数用于返回非空容器中最后的对象。

另外，vector 重载了下标运算符“[]”，从而可以通过下标来访问非空序列中的对象，例如，veci[2] 取序列中第 3 个对象。

5）删除指定对象

erase() 成员函数用于删除对象序列中的指定对象，它有两种形式：

```
veci .erase(i);                // 删除 veci 中第 i 个对象
veci .erase(m, n);             // 删除 veci 中第 m 至第 n 个对象
```

另外，pop_back() 成员函数用于删除对象序列中的最后一个元素。

6）空序列判定

empty() 成员函数用于判定容器中对象序列是否为空，是则返回 true，否则返回 false。

3. vector 的迭代器

迭代器（iterator）是一种数据类型，每种容器都定义了自己的迭代器类型，它类似于数组的下标操作，但比下标操作更通用，迭代器的概念适用于所有的容器。

迭代器就像是容器中指向对象的指针，vector 的算法（如排序、查找、删除等）使用迭代器在容器上进行操作，用来设置算法的边界、容器的长度，等等，同时迭代器也决定了算法在容器中处理的方向。

（1）定义迭代器

在使用迭代器变量前，首先需要定义它。定义迭代器变量的格式如下：

```
vector<T>::iterator iter_name
```

其中，T 是 vector 容器中对象的数据类型，iterator 指示定义迭代器，iter_name 是迭代器变量的名字，例如：

```
vector<int>::iterator iter1;      // 定义了迭代器 iter1，指向整型的数据
```

（2）begin() 和 end()

任何容器都有两个成员函数 begin() 和 end()，其中 begin() 返回指向容器（对象序列）起始位置的迭代器，end() 返回指向容器的结尾位置的迭代器。

（3）插入操作

通过迭代器，可以在 vector 容器中的任意位置插入新的对象。vector 定义了 3 个成员函数用于插入操作：

```
insert(iter1, &x);        // 在迭代器 iter1 处插入对象 x，返回指向新插入元素的迭代器
insert(iter1, n, &x);     // 在迭代器 iter1 处插入 n 个对象 x，返回空值类型
insert(iter1, it1, it2);  // 在迭代器 iter1 处插入迭代器 it1 和 it2 确定的对象序列
```

例如：

```
vector<int> num(10);
num.assign(2, 5);
num.push_back(7);
int x = 6;
vector<int>::iterator iter1;
iter1=num.begin();
iter1=num.insert(iter1, x);
cout<<num.at(0)<<endl;
```

则该程序段的输出结果为：

```
6
```

8.4.3 STL 的使用

下面用一个具体的例子，说明 STL 的使用方法。假设要构造一个字符串数组，数组的每个元素存放一个姓名，要求能够实现以下操作：

1）返回数组首节点的值。

2）返回数组尾节点的值。

3）删除数组首节点。

4）删除数组尾节点。

5）在数组头部插入节点。

6）在数组尾部插入节点。

【例 8-7】按传统的实现方法定义一个类 NameListor，其数据成员 NameListor 是一个字符数组，用来存放人名，数组元素的个数为 10，每个名字最长为 20 字节，数组元素 ListTail 指示当前数组中已存储的元素个数。NameListor 定义了 8 个成员函数：

1）构造函数 NameListor()

2）析构函数 ~NameListor()

3）输出数组头元素的函数 int OutputHead()

4）输出数组尾元素的函数 int OutputTail()

5）在头部插入元素的函数 int InsertHead(char*)

6）在尾部插入元素的函数 int InsertTail(char*)

7）删除头元素的函数 int DeleteHead()

8）删除尾元素的函数 int DeleteTail()

程序实现如下：

```cpp
// 头文件: NameListor.h
#ifndef _NAMELISTOR_
#define _NAMELISTOR_
#include <iostream>
#include <string>
using namespace std;
class NameListor{
private:
    char NameList[10][20];        //10个人名，每个名字最长20字节
    int  ListTail;
public:
    NameListor();                 // 构造函数
    ~NameListor();                // 析构函数
    int OutputHead();             // 输出头元素
    int OutputTail();             // 输出尾元素
    int InsertHead(char *);       // 在头部插入元素
    int InsertTail(char *);       // 在尾部插入元素
    int DeleteHead();             // 删除头元素
    int DeleteTail();             // 删除尾元素
};
#endif      // _NAMELISTOR
// =========================
// 实现文件: NameListor.cpp
#include "NameListor.h"
NameListor::NameListor(){
    ListTail = 0;
}
NameListor::~NameListor(){
    ListTail = -1;
}
int NameListor::OutputHead(){
    if (ListTail > 0){
        cout<<"Head element of NameList: "<<NameList[0]<<endl;
        return 1;
    }
    else{
        cout<<"NameList is Empty."<<endl;
        return -1;
    }
}
int NameListor::OutputTail(){
    if (ListTail > 0){
        cout<<"Tail element of NameList: "<<
            NameList[ListTail-1]<<endl;
        return 1;
    }
    else{
        cout<<"NameList is Empty."<<endl;
```

```
            return -1;
        }
    }
    int NameListor::InsertHead(char *insertname){
        if (ListTail < 10){
            // 数组未越界，则将现有元素后移一个位置以腾出数组头部空间
            for (int ii=ListTail; ii>0; ii--)
                strcpy((char *)NameList[ii], (char *)NameList[ii-1]);
            strcpy((char *)NameList[0], insertname);
            ListTail++;
            return 1;
        }
        else{
            cout<<"NameList is full! Can not Insert Head"<<endl;
            return -1;
        }
    }
    int NameListor::InsertTail(char *insertname){
        if (ListTail < 10) {
            strcpy((char *)NameList[ListTail], insertname);
            ListTail++;
            return 1;
        }
    else{
            cout<<"NameList is full! Can not Insert Tail"<<endl;
            return -1;
        }
    }
    int NameListor::DeleteHead(){
        if (ListTail > 0) {
            // 如果数组元素多于 1 个，则从第 2 个起依次前移以删除数组头部元素
            for (int ii=0; ii<ListTail-1; ii++)
                strcpy((char *)NameList[ii], (char *)NameList[ii+1]);
            ListTail--;
            return 1;
        }
        else{
            // 数组为空
            cout<<"The NameList is empty. Can not delete Head"<<endl;
            return -1;
        }
    }
    int NameListor::DeleteTail(){
        if (ListTail > 0){
            ListTail--;
            return 1;
        }
    else{
            cout<<"NameList is empty, can not be deleted.";
            return -1;
        }
    }
    // 主函数 main()：用于测试 NameListor 类的各个方法
    int main(){
        NameListor *nl=new NameListor();        // 定义一个存放数组对象
        nl->InsertHead("One");                  // 在数组头部插入 "One"
```

```
    nl->InsertTail("Two");              // 在数组尾部插入 "Two"
    nl->InsertHead("Zero");             // 在数组头部插入 "Zero"
    nl->InsertTail("Three");            // 在数组尾部插入 "Three"
    nl->OutputHead();                   // 显示数组头元素
    nl->OutputTail();                   // 显示数组尾元素
    nl->DeleteHead();                   // 删除数组头元素
    nl->DeleteTail();                   // 删除数组尾元素
    nl->OutputHead();                   // 显示数组头元素
    nl->OutputTail();                   // 显示数组尾元素
    return 0;
}
```

程序的运行结果为：

```
Zero
Three
One
Two
```

在上面的程序实现中，测试用的主函数 main() 演示了相关函数的使用方法，程序可以完成问题所要求的功能。但是，如果仔细分析，上面的实现存在三方面的问题：

（1）数组的大小受限

由于定义数组时需要用常量指明数组的大小，因此如果数组定义得太小，则随应用规模增大，可扩充性将变差，如果数组定义得太大，则会浪费不必要的空间。另一方面，虽然采用链表可以解决数组大小受限的问题，但是链表在某些情况下的应用性能不及数组（如有序链表无法利用折半查找等），并且对于大量节点，链表因存储指针而带来的额外内存开销亦需予以考虑。

（2）NameListor 的应用范围受限

上面定义的类 NameListor 解决了字符串数组的需求，但如果此时又面对整型、实型、结构类型甚至是类的同样处理需求，则需要为它们分别重新编写程序。虽然程序的主体架构不用改变，但是其中的数据类型和数据交换方式都要重新定义。对大型软件开发来说，这样的修改亦是令人难以忍受的。

（3）字符串的复杂处理

C 语言的初学者往往对字符串的处理感到非常棘手，需要花费大量时间掌握字符串的处理函数。特别是与字符型指针结合起来的操作更易令人迷惑，同时也导致程序难以阅读和理解。

下面采用 STL 的 vector 类模板实现同样的功能。vector 类似于大小可动态调整的数组，其特点就是可以在运行时动态高效地增加元素。

【例 8-8】采用 STL 的 vector 类模板实现问题求解。

```
#include <vector>
#include <string>
#include <iostream>
using namespace std;
typedef vector<string> STRVEC;
int main(){
    // STL 中的 vector 容器
    STRVEC strvec;                              // 定义一个存放 string 对象的容器
    strvec.insert(strvec.begin(), "One"); // 在头部插入对象 "One"
```

```cpp
    strvec.push_back("Two");                    // 在尾部插入对象 "Two"
    strvec.insert(strvec.begin(), "Zero");      // 在头部插入对象 "Zero"
    strvec.push_back("Three");                  // 在尾部插入对象 "Three"
    cout<<strvec.at(0)<<endl;                   // 显示头元素
    cout<<strvec.back()<<endl;                  // 显示尾元素
    strvec.erase(strvec.begin());               // 删除头部对象
    strvec.pop_back();                          // 删除尾部对象
    cout<<strvec.at(0)<<endl;                   // 显示头元素
    cout<<strvec.back()<<endl;                  // 显示尾元素
    return 0;
}
```

下面采用另一种 STL 类模板 list 来实现问题的需求。list 可以看作是链表的实现。

【例 8-9】采用 STL 的 list 类模板实现问题需求。

```cpp
// TestSList.cpp
#include <list>
#include <string>
#include <iostream>
using   namespace   std;
typedef list<string> LISTSTR;
int main(){
    LISTSTR strlist;
    strlist.push_front("One");                  // 插入到链表头部
    strlist.push_back("Two");                   // 插入到链表尾部
    strlist.push_front("Zero");                 // 插入到链表头部
    strlist.push_back("Three");                 // 插入到链表尾部
    cout<<strlist.front()<<endl;                // 输出链表头部元素
    cout<<strlist.back()<<endl;                 // 输出链表尾部元素
    strlist.pop_front();                        // 删除链表头部元素
    strlist.pop_back();                         // 删除链表尾部元素
    cout<<strlist.front()<<endl;                // 输出链表头部元素
    cout<<strlist.back()<<endl;                 // 输出链表尾部元素
    return 0;
}
```

无论是采用 STL 的 vector，还是采用 STL 的 list，都可以实现问题的需求。在采用 STL 的实现中，还使用了另一个 STL 类 string。vector、list 和 string 都是 STL 中定义的基本数据结构，具有标准的基本操作方法，不用程序设计者自己再实现这些非常通用的数据结构。而且作为类模板，它们可以适用于各种数据类型。例如，如果问题中需要处理的数据类型是整型，则只需在上述实现上做细微的改动。

【例 8-10】采用 STL list 实现整型数据链表的操作。下面程序中加了下划线的部分是做过改动之处。

```cpp
// TestIList.cpp
#include <list>
#include <string>
#include <iostream>
using   namespace   std;
typedef list<int > LISTSTR;
int main(){
    LISTSTR strlist;
    strlist.push_front(1);
    strlist.push_back(2);
```

```
    strlist.push_front(0);
    strlist.push_back(3);
    cout<<strlist.front()<<endl;
    cout<<strlist.back()<<endl;
    strlist.pop_front();
    strlist.pop_back();
    cout<<strlist.front()<<endl;
    cout<<strlist.back()<<endl;
    return 0;
}
```

同样，只要做类似的简单改动，vector 或 list 也适于浮点型、字符型等数据类型的数组或链表的处理。

8.4.4　STL 算法

STL 还定义了一系列泛型参数的、基于迭代器的函数，实现了一些通用的基于数组的工具，包括查找、排序、比较和编辑。这些算法是用户可编程的，即程序设计者可以修改算法的默认行为以满足自己的特定需求。例如，用 sort() 算法对一个序列进行排序，算法默认是升序排序，但程序设计者可以通过简单的谓词去修改算法，使其按降序或其他方式排序。

需要注意的是，STL 的每个算法都在序列的某个指定范围（first 到 last）内生效，其中 first 标识符指向序列中的第一个元素，last 由程序设计者指定为序列中的某个非空位置。需要注意的是，此处的 first 指向序列的首个元素，但 last 并非是序列的最后元素，而是程序设计者期望算法作用的范围内的最后元素。例如：

```
sort(first, last) ;          // 对序列中 begin 和 end 范围内的元素排序
```

虽然指定了算法生效的范围 [first…last]，但 STL 算法并不执行 first 和 last 的有效性检查。STL 的算法在执行时会生成一个的内部迭代器，该迭代器带自增运算符（++），直到其等于 last，但算法并不对 last 所指的元素生效。

下面简单介绍 STL 算法的使用，重点介绍 STL 排序算法 sort() 函数、查找算法 find 函数、复制算法 copy 函数的使用方法。

【例 8-11】对序列排序、查找并显示处理结果。

```
#include <iostream>
#include <vector>
#include <algorithm>
#include <functional>
using   namespace   std;
typedef vector<int, allocator<int> > INTVEC ;
typedef ostream_iterator<int, char, char_traits<char> > OUTIT;
int main(){
    int a[10] = {30, 56, 79, 80, 45, 10, 4, 125, 67, 80};
    int seed1 = 125;
    int seed2 = 99;
    // 以下演示排序算法 sort() 函数和复制算法 copy() 函数
    INTVEC vec1(a, a+10);
    OUTIT out(cout, ". ");
    cout<<"vec1 before sort(first, last)"<<endl ;
    copy(vec1.begin(), vec1.end(), out) ;
    cout<<endl ;
```

```
      sort(vec1.begin(), vec1.end());
      cout<<"vec1 after sort(first, last)"<<endl ;
      copy(vec1.begin(), vec1.end(), out);
      cout<<endl ;
      // 以下演示查找算法 find() 函数
      vector<int>::iterator iter1;
      iter1=find (vec1.begin(), vec1.end(), seed1);
      if (iter1 == vec1.end()){
         cout<<"seed1("<<seed1<<") not found in vector"<<endl;
      }
       else{
          cout <<"seed1("<<seed1<<") found in vector"<<*iter1<<endl;
      }
      iter1=find (vec1.begin(), vec1.end(), seed2);
      if (iter1 == vec1.end()) {
         cout<<"seed2("<<seed2<<") not found in vector"<<endl;
      }
        else {
         cout <<"seed2("<<seed2<<") found in vector"<<*iter1<<endl;
      }
   return 0;
}
```

在例 8-11 的程序中，首先定义了一个整型数组 a[10]，用来保存测试的数据，也可以从键盘输入测试数据。

"INTVEC vec1(a, a+10) ；"语句定义了一个 vector，它用数组 a 生成一个 10 个元素的整型序列，序列中的每个元素值依次是数组 a 中的元素值。

"OUTIT out(cout, ".") ；"语句比较难以理解，out(cout, ".") 展开后的形式是 ostream_iterator(cout, ".")，其效果是产生一个处理输出数据流的迭代器对象，该迭代器对象指向数据流的起始处，并且以 "." 作为分割符。

"copy(vec1.begin(), vec1.end(), out) ；"就是将 vec1 中的全部元素输出到标准输出设备 cout 上。copy 是一个 STL 算法，本语句中用 copy() 函数将 vec1 中自 vec1.begin() 开始至 vec1.end() 之间的全部元素复制到输出数据流，其中 vec1.begin() 所代表的迭代器表示从 vec1 的起始位置开始，每次自动递增，最后到达 vec1.end() 表示的迭代器所指向的位置。

"sort(vec1.begin(), vec1.end());"语句中，sort 是一个 STL 标准算法，此处采用默认算法，即将序列中 vec1.begin() 到 vec1.end() 之间的元素按升序排序。

"iter1=find(vec1.begin(), vec1.end(), seed1) ；"语句中，find() 是一个 STL 标准算法，其第一、二个参数指出了要查找的范围，第三个参数 seed1 指出要查找的元素。find() 函数返回一个迭代器 iter1，如果 iter1 的值等于 vec1.end()，则表示在序列中未找到要查找的元素，否则 iter1 指向序列中找到的元素。

整个程序的运行结果为：

```
vec1 before sort(first, last)
30. 56. 79. 80. 45. 10. 4. 125. 67. 80.
vec1 after sort(first, last)
4. 10. 30. 45. 56. 67. 79. 80. 80. 125.
seed1(125) found in vector125
seed2(99) not found in vector
```

STL 中定义了许多标准算法，比较常用的算法除 sort()、find() 和 copy() 外，还包括：
1）统计序列中 first 和 last 之间值为 value 的元素的个数。

```
size_t count(first, last, const T& value);
```

2）统计序列中 first 和 last 之间使 P 为真的元素的个数，P 可以为一个函数。

```
size_t count_if(first, last, Predicate P);
```

3）查找序列中 first 和 last 之间使 P 为真的元素的个数，P 可以为一个函数。

```
InputIterator find_if(first, last, Predicate P);
```

4）对序列中 first 和 last 之间的每个元素应用函数 F 并返回函数 F 的值，for_each() 不改变序列中的元素。

```
Function for_each(first, last, Function F);
```

5）返回序列中 first 和 last 之间的最小元素。

```
InputIterator min_element(first, last);
```

6）归并排序：将有序序列 1 的 first1 到 last1 之间的元素与有序序列 2 的 first2 到 last2 之间的元素作归并排序，并将结果放到有序序列 3 中 result 开始处。

```
OutputIterator merge(first1, last1, first2, last2, result)
```

7）分区：将 first 和 last 之间的元素按第 nth 个元素值分区，所有小于第 nth 个元素的均排在 nth 之前，所有大于第 nth 个元素的均放在 nth 之后。

```
void nth_element(first, nth, last);
```

8）删除序列中 first 和 last 之间的所有值为 value 的元素，返回序列中剩余元素的个数。

```
ForwardIterator remove(first, last, const T& value);
```

其他常用的 STL 算法请读者自行阅读相关文档，如利用 Visual C++ 平台开发 C++ 程序的读者，可以阅读 Visual C++ Standard Template Library Tutorial。

8.4.5 综合应用

【例 8-12】定义学生类，包括姓名和成绩。将学生对象放入 vector 容器中，在容器中实现按学生姓名查找并输出其成绩。

```cpp
#include <iostream>
#include <fstream>
#include <string>
#include <vector>
using namespace std;
class Student{
    string name;
    float score;
public:
    Student(){}
    Student(string n,float sc){
        name=n;score=sc;
```

```
        }
        float GetScore(){ return score; }
        void Input(){
            cin>>name>>score;
        }
        void Output(){
            cout<<endl<<name<<" "<<score;
        }
        int compare(string name1){
            if(name==name1) return 1;
            else return 0;
        }
};
int main(){
    string name;
    Student student;
    vector<Student> mys;                    //定义容器
    vector<Student>::iterator iter;         //定义迭代器，即指向容器中对象的指针
    cout<<" 请输入学生的信息: "<<endl;
    student.Input();
    mys.push_back(student);                 //将学生对象放入容器
    for(iter=mys.begin();iter<mys.end();iter++)
        (*iter).Output();                   //输出容器中所有对象
    cout<<" 输入要查找的姓名: ";
    cin>>name;
    for(iter=mys.begin();iter<mys.end();iter++)
      if((*iter).compare(name))             //根据输入的姓名查找输出成绩
          cout<<(*iter).GetScore()<<endl;
    return 0;
}
```

【例 8-13】将圆类的对象存入 vector 中，并在 vector 中查找指定半径的圆面积。

```
#include <iostream>
#include <vector>
using namespace std;
class circle{
    int r;
public:
    void input(){
        cin>>r;
    }
    void output(){
        cout<<3.14*r*r<<endl;
    }
    int getr(){return r; }
};
class system1{
    vector<circle> myv;
public:
    void input(){
    circle myc;
    for(int i=0;i<2;i++){
        cout<<" 输入半径: ";
        myc.input();
        myv.push_back(myc);
```

```
        }
        }
        void find(){
        int r;
        vector<circle>::iterator iter;
        cout<<" 输入要找的半径: ";
        cin>>r;
        for(iter=myv.begin();iter<myv.end();iter++){
            if((*iter).getr()==r){
                (*iter).output(); break;
            }
        }
    }
};
int main(){
    system1 s;
    s.input();
    s.find();
    return 0;
}
```

以上定义了一个圆类 circle，并且定义了一个 system1 类用于对圆类的简单管理，包括将圆的对象存储到 vector 容器中，根据半径查找和计算圆面积。

【例 8-14】容器中存不同的对象。

```
#include <iostream>
#include <vector>
using namespace std;
class Shape{
protected:
    double s;
public:
    virtual void compute()=0;
    virtual void show(){};
};
class Circle:public Shape{
    int r;
public:
    Circle(int r1):r(r1){};
    void compute(){ s=3.14*r*r; }
    void show(){ cout<<"s="<<s<<endl; }
};
class Rectangle:public Shape{
    int l,w;
public:
    Rectangle(int l1,int w1):l(l1),w(w1){}
    void compute(){ s=l*w; }
    void show(){ cout<<"s="<<s<<endl; }
};
int main(){
    vector<Shape*> myv;
    Shape *mys=new Circle(2);
    myv.push_back(mys);
    Shape *mys1=new Rectangle(2,3);
    myv.push_back(mys1);
```

```
vector<Shape*>::iterator iter;
for(iter=myv.begin();iter<myv.end();iter++){
    (*iter)->compute();
    (*iter)->show();
}
return 0;
}
```

以上定义了带继承关系的类层次，基类是抽象类 Shape，定义了公有接口函数 compute() 和 show()，Circle 类和 Rectangle 类继承于 Shape 类。容器 vector 中通过赋值兼容性存进了 Circle 类和 Rectangle 类的对象，并通过公有接口实现对它们的统一管理。

习题

1. 设计一个对数据进行排序的函数模板，并分别用 10 个整型数据和 20 个字符串数据测试其正确性。
2. 编写一个链表的类模板，链表的节点可用 int，也可以用 double。对链表的操作包括：建立链表、插入节点、删除节点、输出链表中节点的值。
3. 利用 STL 的 list 类模板，建立一个存储字符串（string 类型）的 list，从键盘输入 10 个字符串，利用 list 的 push_front() 和 push_back() 函数，构造出一个对象序列。
4. 构造两个 STL list，利用 STL 的排序算法 sort() 对其排序，并利用 merge() 函数对已经排序的两个 list 做归并排序。
5. 利用查找算法 find()，在习题 3 中构造的对象序列上进行查找操作，并将找到的元素用 remove() 函数予以删除。

实验：模板

实验目的

1. 掌握模板的概念；
2. 掌握函数模板的定义格式和使用方法；
3. 掌握类模板的定义格式和使用方法；
4. 掌握 C++ STL 容器、迭代器和算法的使用方法。

实验任务

1. 编写判断输入的两个数是否相等的函数模板，并使用不同类型的数据测试该函数模板。
2. 编写类模板，含私有数据成员 n，在类模板中设计一个 operator== 重载运算符函数，判断各对象的 n 是否相等。主函数示例如下：

```
int main(){
  sample<int> s1(2),s2(3);
  cout<<(s1==s2?" 相等 " :" 不相等 ")<<endl;
}
```

3. 张三负责联系参加会议的人员，他将联系人的姓名和电话号码放在一个容器中按照姓名排序输出，并且可以根据姓名查找其电话号码。请利用 vector 编程实现他的工作。
4. 利用 STL list 构造一个序列，序列对象的数据类型为 string，并对构造的序列进行排序。
5. 试用 vector 存放第 7 章实验 2 中各类人员的信息。

第9章 异常处理

由于程序中存在的缺陷，或者由于程序的执行环境出现例外，或者由于其他未曾预料到的情况，程序在运行过程中经常会出现一些异常。良好的程序不仅要求程序本身的功能是正确的，而且要求它能够防止或排除异常情况，即程序要具有一定的容错能力。C++ 中提供了专门的异常处理机制，使得异常的引发（抛出）和处理可以放在不同的函数中实现。

9.1 异常处理的基本思想

先看下面一个简单的例子：

```cpp
#include <iostream>
using namespace std;
int Div(int x, int y){
    return x/y;
}
int main(){
    cout<<Div(6, 2)<<endl;        // 调用 1
    cout<<Div(3, 0)<<endl;        // 调用 2
    return 0;
}
```

上面程序在运行过程中，一旦执行到"调用 2"处，操作系统弹出一个对话框，提示该程序"遇到问题需要关闭"。分析其原因，我们知道"调用 2"处在调用 Div(3, 0) 函数时，出现了除 0 的异常事件。

程序中的错误，除逻辑错误（人为因素造成的结果错误，如误将 300 写成了 500），分为编译时的错误和运行时的错误。编译时的错误主要是语法错误，错误改正后才能生成运行代码，这类错误相对比较容易修正。运行时的错误则不然，其中有些甚至是不可预料的，如算法设计出错。有些虽然可以预料但却无法避免，如内存空间不足、打印缺纸、打印机未连接好等；或者函数调用时函数本身存在无法排除的错误，如除数为 0、数组下标越界等。程序在执行过程中出现的错误统称为异常。就一个良好的程序来说，我们不仅要求它本身的功能正确无误，而且要求它能够尽可能防止或排除各种因素引起的异常，不让这些异常影响程序的执行。因此，编写软件时不仅要保证软件功能和算法的正确性，而且程序应具有一定的容错能力，即编程时应充分考虑各种意外情况，并且在用户排除错误或给予恰当的处理后程序能够继续执行，或者至少程序应给出适当的提示信息，不能轻易出现进程僵死、宕机以及其他灾难性后果。

对程序运行中出现的差错及意外情况（特别是可以预料但不可避免的异常情况）的处理称为异常处理。传统的异常处理方法基本上是采用判断或分支语句来实现，如例 9-1 所示。

【例 9-1】采用分支语句实现异常的判断和处理。

```cpp
#include <iostream>
using namespace std;
```

```
int Div(int x,int y){
    if (y==0) {
        cout<<"Divided by zero!"<<endl;
        exit(0);
    }
    return x/y;
}
int main() {
    cout<<Div(6,2)<<endl;
    cout<<Div(6,0)<<endl;
    return 0 ;
}
```

程序运行结果为：

```
3
Divided by zero!
```

在此例子中，Div() 函数实现 x/y。当函数调用时，一旦 y 等于 0，则程序输出除零信息，然后退出程序的运行。

又如，下面的函数，当为指针分配空间失败时，返回其调用函数。

```
void Func(void){
    A   *a=new A;
    if(a==NULL){
        return;
    }
}
```

再如，当文件打开失败时，可以采用如下的错误处理方法：

```
int main(){
    fstream file1;
    file1.open("text.dat", ios::out);
    if(!file1){
        cout<<"open error!"<<endl;
        abort();
    }
    ......
    return 0;
}
```

在大型软件开发过程中，需要开发者自己预计可能发生的错误，并且在发生错误时进行必要的处理，停止发生错误的局部操作，使得程序的其他部分仍能继续执行。由于大型软件中函数间有明确的分工和复杂的调用关系，所以发现错误的函数往往本身不具有处理错误的能力，这时它就引发一个异常，希望其调用者能够捕获该异常。

传统的异常处理方法可以满足小型的应用程序，但对一个由多人开发的大型软件系统来说，包含许多模块，模块间的调用关系也比较复杂，这种处理机制根本无法保证程序的可靠运行，而且采用判断或分支语句处理异常的方法不适合大量异常的处理，更不能处理不可预知的异常。用 C++ 中提供的异常处理机制不但可以使异常处理的逻辑结构清晰，而且在一定程度上可以保证程序的健壮性。

9.2 C++ 中异常处理的方法

C++ 提供了一套异常处理的方法，这种方法使得异常的引发和处理机制分离，即异常的引发是在底层函数（被调用函数）中，而异常的处理则由上层函数（调用函数）来解决。如果上层调用函数不能解决，则它会将异常继续传递到更上层调用函数，直到该异常被解决。如果程序始终没有处理这个异常，则该异常最终被传递到 C++ 运行系统，由运行系统捕获异常后处理。对此，运行系统一般会自动调用运行函数 terminate，由它调用 abort 终止程序。异常的引发和处理不在同一个函数中，这样使得底层函数可以着重解决具体问题，而不必过多地考虑对异常的处理，上层调用者则可以在适当的位置设计对不同类型异常的处理。

C++ 中的异常处理由语句 throw、try 和 catch 来实现。

9.2.1　异常的抛出

抛出异常使用 throw 语句，格式如下：

```
throw <表达式>;
```

当程序中出现异常时，throw 语句用于向调用者抛出异常，该异常由 catch 语句来捕获。<表达式> 是指抛出的异常，用表达式的值表示。

9.2.2　捕获异常

捕获异常使用 try 语句和 catch 语句，格式如下：

```
try{
    // 复合语句
}
catch (异常类型声明 1){
    // 复合语句 1
}
catch (异常类型声明 2){
    // 复合语句 2
}
......
catch (异常类型声明 n){
    // 复合语句 n
}
```

try 后跟的复合语句块是容易引起异常的语句，这些语句称为代码的保护段。如果能够预料到某段代码可能会引起异常，则将它放在 try 下。在 try 中，可以在语句后根据不同的异常情况使用不同的 throw 表达式抛出异常，如下所示：

```
try{
    其他语句;
    throw 表达式 1;
    ......
    throw 表达式 2;
    ......
    throw 表达式 n;
}
```

throw 抛出的异常被 catch 捕获。catch 在捕获到异常后，由子句检查异常的类型，即检查throw 后表达式的数据类型与哪个 catch 子句的异常类型的声明一致，如一致则执行相应的异常处理程序（该子句后的复合语句）。catch 语句中的异常类型声明可以为空，如果为空，则表示任意类型的异常。

要注意的是，try 和 catch 块中必须有用花括号括起来的语句体，哪怕这个语句体只含有一个语句。try 后紧跟的是一个或多个 catch 块，在 try 之前不能出现 catch 块，在 try 和 catch 之间不能有其他的语句，而且 catch 括号内只有一个形参，抛掷异常与异常处理程序之间是按数据类型的严格匹配来捕获的，而不检查它们的值，也不允许有类型转换。catch 后面圆括号中，一般只写异常信息的类型名，如 catch(int)。参考下列程序：

```cpp
#include <iostream>
using namespace std;
int main(){
    float a=2;
    try{
        throw a;
    }
    catch(int a){
        cout<<" 异常发生！整型： "<<a<<endl;
    }
    catch(float a){
        cout<<" 异常发生！浮点型： "<<a<<endl;
    }
    cout<<"end";
    return 0;
}
```

程序的输出结果为：

```
异常发生！浮点型： 2
end
```

因为 a 定义为浮点型，所以 "throw a；" 抛出的错误类型为浮点型，被 catch (float a) 捕获。

再如下面的程序，catch 后圆括号内没有指定异常信息的类型，而是用了删节号 catch (...)，表示它可以捕获任何类型的异常信息：

```cpp
#include <iostream>
using namespace std;
void func(int n){
    if (n)
        throw n;
}
int main(){
    try{
        func(1);
        cout<<"No here!"<<endl;
    }
    catch(...){
        cout<<" 任意类型异常 !"<<endl;
    }
    cout<<" 继续 !"<<endl;
    return 0;
}
```

程序的执行结果为：

```
任意类型异常 !
继续 !
```

异常处理程序处理异常的执行过程如下：

1）控制指令通过正常的顺序到达 try 语句，执行 try 后的保护段。

2）如果执行期间没有引起异常，则不再执行 catch 子句，继续执行紧跟在最后一个 catch 子句后的程序。

3）如果在保护段执行期间或保护段调用的任何函数中有异常，则由 throw 抛出异常，由 catch 子句捕获该异常并找到合适的处理程序进行处理。

4）当 throw 抛出异常后，首先在本函数中查找与之匹配的 catch，如果没有找到，则转到上一层处理，如果上一层也没有找到合适的异常处理程序，则异常一直往上传递。当超出程序范围时，运行系统将自动调用函数 std::terminate()，由其调用全局函数 abort() 中止程序的运行。

5）有时，throw 语句中可以不包括任何表达式：

```
catch(…){
    ……
throw;
}
```

表示将已捕获的异常信息再次原样抛出，由上一层的 catch 捕获处理。

程序在处理完异常后，继续执行 catch 后的语句，直到结束。

图 9-1 是 break、return 和异常处理执行过程的比较：

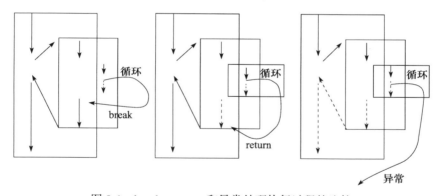

图 9-1　break、return 和异常处理执行过程的比较

【例 9-2】当用 new 分配内存失败时触发一个字符串型异常。

```cpp
#include <iostream>
using namespace std;
int main(){
    char *buf;
    try{
        buf=new char[512];
        if (buf==0)
            throw "内存分配失败";
    }
    catch(char *str){
        cout<<"异常发生！" <<str<<endl;
        return;
    }
    delete buf;
```

```
        return 0;
    }
```

程序从主函数入口，执行 try 后的语句，给 buf 分配内存空间，如果内存分配失败，则抛出（throw）字符串型异常，该异常被 catch 语句捕获（与 catch 括号内类型一致），则输出提示信息。

【例 9-3】处理除零异常。

```
#include <iostream>
using namespace std;
int Div(int x, int y){
    if (y==0)
    throw y;
    return x/y;
}
int main(){
    try{
        cout<<Div(6,2)<<endl;
        cout<<Div(6,0)<<endl;
    }
    catch(int){
        cout<<"diving zero.\n";
    }
    cout<<"ok."<<endl;
    return 0;
}
```

程序从主函数入口，执行 try 语句，调用 Div(6, 0) 时发生异常，由 Div() 函数抛出（throw）整型异常，被 catch 语句捕获，并在 catch 内进行异常处理后，接着执行 catch 后面的语句。所以程序结果为：

```
3
diving zero.
ok
```

不带操作数的 throw 语句会将正在处理的异常再次抛出，如果当前未处理任何异常，则执行不带操作数的 throw 会调用 terminate()。例如，在某些情况下，由于异常而必须执行某些代码，但该代码又不能完全处理该异常，则可以用如下的程序段处理：

```
try {
    // …
}
catch (…) {
    // 此处对异常进行部分处理
    throw;
}
```

上面的程序段中：
- catch (…) 语句会捕获所有的异常；
- "throw;" 语句则将异常传递给其他处理程序。

有关异常处理再强调以下几点：

1）抛出（throw）异常与异常处理程序间是按照数据类型的严格匹配来捕获（catch）的，如果程序中有多处位置需要抛出异常，则应该使用不同的操作数类型来相互区别，不能用操作数的值来区别不同的异常。

2）try 后紧跟一个或多个 catch 块，目的是捕获发生的异常并进行处理。

3）异常处理的目的是尽可能妥善地处理它们，减少因错误而造成的破坏，不影响其他部分程序的执行。

4）C++ 中，一旦抛出（throw）一个异常，而程序又不捕获（catch）的话，那么最终的结果就是 abort() 函数被调用，使得程序被终止。

5）在异常处理过程中可能会引起严重的资源泄露问题。如例 9-4 所示。

【例 9-4】异常处理引起资源泄露。

```
#include <iostream>
using namespace std;
class test{
private:
    char *c;
public:
    test(){
        c=new char[10];
        throw  1;
    }
    ~test(){
        delete c;
    }
};
void proc(){
    try{
        test t;
    }
    catch(int){
        cout<<"test()"<<endl;
    }
}
int main(){
    proc();
    return 0;
}
```

主函数中调用 proc() 函数时，在 try 后定义类 test 的对象 t。因为异常是在构造函数中产生，因此不会引发析构函数的调用，这样"delete c；"语句未被执行，导致 c 申请的内存空间未被释放，因而产生了内存泄露。

在大型软件开发时，要特别注意避免内存泄露问题。另外，要注意不要在析构函数中抛出异常。因为一旦析构函数抛出异常，则异常只能由全局函数 terminate() 处理，这不是一种安全的异常处理机制。

9.2.3　异常说明书

为了增加程序的可读性，可以在函数的声明中增加一个异常说明书，列出函数可能直接或间接抛出的所有异常的类型。异常说明书的格式为：

```
throw(类型列表)
```

例如：

```
void ff() throw(A, B, C, D);
```

在 ff() 函数声明中附带异常说明书，其中列出 ff() 函数可能抛出的所有异常类型包括 A、B、C 和 D。

如果在函数声明中未显式地给出异常说明书，则表明该函数可以抛出任何类型的异常。例如：

```
void ff();
```

表明 ff() 函数可以抛出任何类型的异常。

异常说明书仅可用于函数声明、指针声明或指针定义中，它不能出现在 typedef 声明中，例如：

```
void f() throw (int);              //合法的异常说明书，函数 f() 可以抛出整型异常
typedef int(*pf)() throw(int);     //非法的异常说明书
```

对函数声明来说，异常说明书是可选的，但只要函数的声明带有异常说明书，则那个函数的所有声明及定义（关于声明和定义的区别，在第 2 章曾经讨论过）都具有同样的异常说明书。如果一个虚函数带有异常说明书，则子类中重载该虚函数的任何函数的声明及定义只能允许基类虚函数的异常说明书中所允许的异常。例如：

```
class A {
   virtual void f() throw (int, double);
   virtual void g();
}
class B: A {
   void f();
   void g() throw (int);
};
```

其中，B::f() 的定义格式不对，因为 A::f() 仅允许 int 型和 double 型的异常，而 B::f() 却允许所有的异常。B::g() 的定义格式是合法，因为 A::g() 未附带异常说明书，说明 A::g() 允许抛出任何异常，而 B::g() 则将可抛出的异常的范围缩小到整型。

习题

1. 相比于传统的异常处理方法，C++ 的异常处理机制有何不同？
2. 简述 C++ 异常处理的执行过程。
3. 写出下图标号语句的执行顺序。程序执行到 12 语句时发生异常。

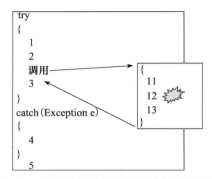

4. 编写程序，求给定数的平方根，加上必要的异常处理（当给定数为负数时）。
5. 写出下面程序的运行结果并予以解释。

```
#include <iostream>
```

```
using namespace std;
int *p=NULL;
class CMyObject {
public:
    CMyObject(){
        cout<<"Here is the constructor for CMyObject."<<endl;
    }
    ~CMyObject ()     {
        cout<<"Here is the destructor for CMyObject."<<endl;
    }
};
void function1(){
    CMyObject ob;
    *p=3;
}
void function2(){
    try {
        function1();
    }
catch (...) {
        cout<<"Caught an exception in function2()."<<endl;
    }
}
int main (void) {
    function2 ();
    return 0;
}
```

实验：异常处理

实验目的

1. 理解异常处理的思想；
2. 掌握 C++ 中异常处理的实现方法。

实验任务

1. 定义一个 String 类，在 String 类的构造函数中设计异常的抛出。在主函数中用 new 给 String 的对象指针分配内存空间，用 try 语句触发异常，用 catch 语句捕获异常。讨论各种可能的异常处理情况。

（参考：编写类 String 的构造函数、析构函数和赋值函数。）

已知类 String 的原型为：

```
class String{
    public:
        String(const char *str=NULL);          //普通构造函数
        String(const String &other);            //拷贝构造函数
        ~ String(void);                          //析构函数
        void operator =(const String &other);   //赋值函数
    private:
        char *m_data;                            //用于保存字符串
        int size;
};
```

编写 String 的上述 4 个函数。

2. 在链表的类定义和使用过程中加入必要的异常处理。

第 10 章　输入 / 输出流

C++ 的输入 / 输出流类库提供了格式化的输入 / 输出操作和一系列的文件操作。本章从基本的输入 / 输出流操作入手，介绍格式化的输入 / 输出操作以及磁盘文件流操作。

10.1　输入 / 输出流概述

10.1.1　基本的流操作：cin 和 cout

C 语言标准库中提供的 FILE 指针类型及其输入 / 输出操作（scanf()、printf() 等函数）在 C++ 中仍然可以继续使用。此外，C++ 另行开发了一套更简洁、更高效的 I/O 软件包，即流类库。

"流" 指的是数据的流动，是对数据从源流到目的的抽象。流中的数据可以是字符、数值、图形、图像或音频、视频等信息。

源指的是数据的来源，目的指的是数据的去向。有了流，就可以从流中提取数据，也可以向流中添加数据，前者称为输入（通常又称为读取）操作，后者称为输出（通常又称为写入）操作。将流抽象为类，则前面章节中已经使用的 cin 和 cout 就是流类对象，分别称为标准输入流对象和标准输出流对象，"<<" 和 ">>" 表示数据流动的方向。

1）C++ 中将标准输入设备（如键盘）看作是一个对象，称为标准输入流对象，则 cin>>a 表示数据从键盘流入变量 a，即读取键盘输入的值并赋给变量 a，我们把变量看作内存，则数据流动的方向就是从键盘到内存；

2）C++ 中将标准输出设备（如显示器屏幕）看作是一个对象，称为标准输出流对象，则 cout<<a 表示变量 a 的值流出至屏幕，即将变量 a 的值显示在屏幕上，数据流动的方向是从内存到显示器。

C++ 采用流的方式进行输入 / 输出，从而使输入 / 输出变得简单、明了。例如，下面两条语句的功能都是实现变量 a 的输入，其中前者是采用标准 C 语言的 scanf() 函数输入一个整型数到变量 a，"%d" 是格式控制符，表示输入整型数，接收输入内容的变量 a 需要以引用的方式给出；后者是 C++ 的标准流输入，与前者的功能完全一样：

```
scanf("%d",&a);
cin>>a;
```

很显然，使用 cin 进行输入更容易让人接受。scanf() 和 printf() 中输入 / 输出数据的类型需要由程序员以 %d、%f 等进行格式控制，而流数据的输入 / 输出类型则由编译系统自动检查，从而简化了程序编写，亦增加了程序的易读性。

另外，C++ 中还支持将 "<<" ">>" 重载为运算符函数，用于用户自定义类型变量或对象的输入 / 输出。

10.1.2　C++ 的流类库

C++ 中将与输入 / 输出有关的操作定义为一个类体系，称为流类，提供流类实现的系统库称为流类库。C++ 流类库是 C++ 语言为完成输入 / 输出功能而预定义的类的集合，这些类构成层次结构。下面将介绍其中的几个主要的类，这些类都在 iostream.h 头文件中声明，其他更多信息可以参考 C++ 系统类库：

1）ios 类：它是一个虚基类，提供了一些用于设置流的状态和格式的功能，由它派生出了输入流类 istream、输出流类 ostream、文件流类 fstreambase 和串流类 strstreambase。

2）istream 类：它是输入流类，提供了从流中提取数据的有关操作，它针对系统全部的预定义类型，重载了输入运算符 ">>"。istream 类提供了流的大部分输入操作。

3）ostream 类：它是输出流类，提供了向流中插入数据的有关操作，它针对系统全部的预定义类型，重载了输出运算符 "<<"。ostream 类提供了流的大部分输出操作。

4）iostream 类：它以 istream 和 ostream 为基类，同时继承二者，以便创建可以同时进行 I/O 操作的流。

5）在 istream 类、ostream 类和 iostream 类的基础上，分别重载赋值运算符 "="，则得到 istream_withassign、ostream_withassign 和 iostream_withassign 3 个类，补充了流对象的赋值操作。

6）streambuf 类：它负责管理流的缓冲区，包括设置缓冲区及在缓冲区和输入流 / 输出流之间存取字符的操作。

7）fstream 类：它从 fstreambase 类和 iostream 类派生，可以支持对文件进行插入和提取操作。ifstream 是输入文件流类，ofstream 是输出文件流类。

8）filebuf 类：从 streambuf 类派生，用来作为上述类的缓冲支持。

大多数的输入 / 输出操作集中在 ios 类、istream 类、ostream 类、iostream 类、ifstream 类、ofstream 类和 fstream 类中。在微软 Microsoft iostream Class Library 中，主要输入 / 输出流之间的层次关系如图 10-1 所示。

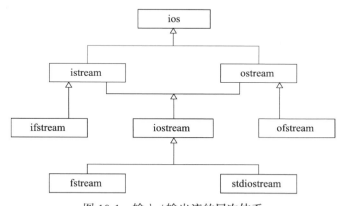

图 10-1　输入 / 输出流的层次体系

在头文件 iostream.h 中，除了类的定义之外，还包括四个对象的说明，它们称为标准流或预定义流。这四个对象分别是：

1）cin(Console iuput)：类 istream-withassign 的对象，标准输入流，在不作说明的情况下表示键盘，可以重定向为其他输入设备。

2）cout(Console output)：类 ostream-withassign 的对象，标准输出流，在不作说明的情况下表示显示器，可以重定向为其他输出设备。

3）cerr(Standard error) 和 clog(Console log)：类 ostream-withassign 的对象，标准错误输出流，固定与显示器相关联，在显示器显示出错信息。前者为非缓冲方式，发送给它的内容立即输出；后者为缓冲方式，只有当缓冲区满时才输出。默认情况下的流是缓冲的。

10.2　输入 / 输出流

对于系统预定义类型的变量，其输入 / 输出操作可以由 istream 类和 ostream 类完成，此时通常可以用运算符 " >> " 和 " << " 进行输入 / 输出。但对于要求格式控制的输入 / 输出，则需要使用 ios 类中的成员来实现。

10.2.1　输出流

ostream 类提供了流类库的主要输出操作，它是在头文件 iostream.h 中定义的。cout 是用 ostream 类定义的一个对象：

```
namespace std
{
    extern ostream cout;
}
```

通过 cout 可以调用 ostream 类定义的成员函数。下面介绍用于屏幕输出的成员函数。

1. 预定义的插入符

" << " 是预定义的插入符，它是左移运算符的重载，有两个操作数，格式为：

```
< 操作数 1> << < 操作数 2>
```

其中，< 操作数 1> 是输出流对象，屏幕输出即为 cout。< 操作数 2> 是输出的内容，可以将多个插入符的输出表达式串接起来。例如：

```
cout<<"I am"<<18<<endl;
```

endl 表示本行输出的结束（即将行结束符 "流" 向输出对象）。

2. 成员函数 put()

ostream 类的成员函数 put() 用于输出一个字符，例如，输出字符 'a'：

```
cout.put('a');
```

表示在屏幕的当前光标处显示字符 'a'，该语句与语句：

```
cout<<'a';
```

具有相同的功能。

成员函数 put() 也可以多个串接起来使用，例如，下面的语句：

```
cout.put('a').put('b').put('c').put('\n');
```

该语句在屏幕上的输出效果如下（其中 '\n' 为换行符）：

```
abc
```

3. 成员函数 write()

ostream 类的成员函数 write() 用于按要求的长度输出一个字符串，如果所要求的长度大于字符串的长度，则输出整个字符串。

例如，在屏幕上输出字符串 "I am a student.":

```
cout.write("I am a student. ", 100);
```

又如，在屏幕上输出字符串 "I am a student." 的前 4 个字符:

```
cout.write("I am a student. ",4);
```

上面两条语句在屏幕上输出结果分别为:

```
I am a student.
I am
```

10.2.2　输入流

istream 类提供了流类库的主要输入操作，它是在头文件 iostream.h 中定义的。cin 是用 istream 类定义的一个对象:

```
namespace std
{
    extern istream cin;
}
```

通过 cin 可以调用 istream 类定义的成员函数。

下面介绍用于键盘输入的成员函数。

1. 预定义的提取符

">>" 是预定义的提取符，它是右移运算符的重载，有两个操作数，格式为:

```
<操作数 1> >> <操作数 2>
```

其中，<操作数 1> 是输入流对象，键盘输入即为 cin，表示从键盘输入的数据流中提取一个输入项存放在 <操作数 2> 中。<操作数 2> 一般是预先定义好的某种数据类型的变量。">>" 可以从输入流中连续提取多个数据项，分别存放在对应的变量中。例如:

```
cin>>a>>b>>c;
```

在用 cin 输入时，要求从键盘上输入的数据项类型要与存放该数据项的变量的类型一致。

需要注意的是：字符串输入时，以空格作为串的分隔符。对于如下程序段:

```
char ch[20];
cin>>ch;
cout<<ch;
```

当键盘输入为 great wall 时，屏幕输出为 great。

2. 成员函数 get()

istream 类的成员函数 get() 用于获取输入流中的一个字符并存放在指定的变量中，例如:

```
char ch;
ch=cin.get();
```

表示从键盘上输入一个字符放在变量 ch 中。

成员函数 get() 也可以多个串接起来使用，如下面的语句:

```
cin.get(ch1).get(ch2).get(ch3).get(ch4);
cout.put(ch1).put(ch2).put(ch3).put(ch4);
```

从键盘输入 abcd 时，输出结果为 abcd。

3. 成员函数 getline()

istream 类的成员函数 getline() 用于从输入流中读取一行字符。在输入一行字符时，若未指定 getline() 的输入长度，则默认遇到输入回车换行符时结束。例如：

```
char chs[10];
int n=10;
cin.getline(chs, n);
```

此语句用于从输入流（键盘）中读取 *n* 个字符放入字符数组 chs 中。

4. 成员函数 read()

istream 类的成员函数 read() 用于从输入流中读取指定数目的字符并存放在指定的地方。例如：

```
char chs[50];
cin.read(chs, 10);
```

此语句用于从键盘上读取 10 个字符并放入字符数组的前 10 个单元（chs[0]…chs[9]）中。

10.2.3　格式化输出

为简单起见，前面输出数据时采用的都是默认的数据输出格式。C++ 中提供了两种新的格式化输出控制方式指定数据输出的格式，其中一种方式是使用 ios 类提供的接口，另一种方式是使用内部格式控制函数。

1. 使用标志位和成员函数控制输出格式

ios 类中定义的控制输出格式的标志位和成员函数包括 width()、precision() 和 setf() 等，分别用于设置输出数据的宽度、精度和标志位。

（1）设置输出数据所占宽度

ios 类的成员函数 width() 用于设置输出数据所占的宽度，其原型为：

```
int width(int);
```

例如：

```
int i=5;
cout.width(10);
cout<<i<<endl;
```

也可以使用 setw() 函数来设置宽度。例如：

```
cout<<setw(10)<<i<<endl;
```

上面的 width(10) 和 setw(10) 都是以宽度为 10 输出 *i* 的值。若 *i* 少于 10 个字符宽，则在输出值前填充空格。两者的输出结果均为：

如果要对输出值前的位置填充其他字符，则可以调用输出流的 fill() 函数设置，如下所示：

```
int i=5;
cout.width(10);
cout.fill('*');
cout<<i<<endl;
```

以上语句的功能是：以宽度为 10 输出 *i* 的值，若 *i* 少于 10 个字符宽，则在输出值前填充 `'*'`。因此输出结果为：

```
*********5
```

setw() 和 width() 仅影响其后要输出的数值，如果数值位数超出了指定宽度，则显示全部的值。如果数值位数小于指定宽度，则以空格填充或以 fill() 函数指定的字符填充。

（2）设置浮点数据的输出精度

ios 类的成员函数 precision() 用于设置浮点数的输出精度，其原型为：

```
int precision(int);
```

precision() 函数的参数是指当前输出浮点数的有效数字的个数。浮点数默认有效数字（不含小数点）的个数为 6 位，超过的部分按四舍五入处理。例如：

```
double i=12.3456789;
cout<<i<<endl;
cout.precision(5);          // 设置浮点数有效输出位数为 5 位
cout<<i<<endl;
```

上述语句的输出结果为：

```
12.3457
12.346
```

（3）设置参数指定的标志位

ios 类的公有部分定义了几个枚举常量，即标志位，用于对 cin 和 cout 进行控制。可以使用 "ios:: 常量名" 来引用这些枚举常量，并利用成员函数 "long setf(long);" 来设置参数指定的标志位。ios 类中定义的标志位包括：

skipws	跳过输入中的空白
left	左对齐输出数据
right	右对齐输出数据
internal	在数据的符号和数据本身之间插入填充符
dec	以十进制输入 / 输出整型数据
oct	以八进制输入 / 输出整型数据
hex	以十六进制输入 / 输出整型数据
showbase	输出的数值前携带进制符号（显示整数的基数）
showpoint	浮点数输出带小数点
uppercase	以大写字母输出十六进制数值
showpos	输出的正数前加 "+" 号
scientific	以科学计数法输入 / 输出浮点型数值

fixed　　　　　　　以定点形式表示浮点数

unitbuf　　　　　　清空输出标志，默认是 cerr 的缓冲单元

【例 10-1】按科学计数法以左对齐方式输出浮点数的值，并在正数前加上"＋"号。

```
#include <iostream>
using namespace std;
int main(){
    float a=34.5;
    cout.setf(ios::scientific | ios::left | ios::showpos);
    cout<<a<<endl;
    return 0;
}
```

输出结果为：

```
+3.450000e+001
```

【例 10-2】在数据符号和数据本身之间插入指定的填充符。

```
#include <iostream>
using namespace std;
int main(){
    float i = -5.1;
    cout.width(10);
    cout.fill('*');
    cout.setf(ios::internal);
    cout<<i<<endl;
    return 0;
}
```

输出结果为：

```
-******5.1
```

【例 10-3】带进制符号输出数值。

```
#include <iostream>
using namespace std;
int main(){
    int j=5;
    cout.setf(ios::hex);
    cout.setf(ios::showbase);
    cout<<j<<endl;
    return 0;
}
```

输出结果为：

```
0x5
```

【例 10-4】验证 unitbuf 标志位的使用。

```
#include <iostream>
using namespace std;
int main(){
    int i=13;
    cout<<i<<endl;
    cout.setf(ios::hex);
```

```
    cout<<i<<endl;
    cout.setf(ios::unitbuf);
    cerr<<i<<endl; //unitbuf 用于 cerr 缓冲单元
    return 0;
}
```

输出结果为：

```
13
d
13
```

2. 使用控制符进行格式输出

iostream 库中包含了一些预定义的控制符，它们可以插入到数据流中，用于设置域宽、精度等。格式控制符与标志位控制格式还有一个不同之处在于：一旦设置了格式控制符，则除非重新设置，否则它们将一直有效。下面列出 I/O 流类库中定义的一些控制符，这些控制符都在 std 命名空间中：

boolalpha	输入／输出 bool 值
noboolalpha	重置 boolalpha
showbase	输出的数值前带进制符号（显示整数的基数）
noshowbase	重置 showbase
showpoint	显示浮点数的小数点
noshowpoint	重置 showpoint
showpos	输出的正数前加"＋"号
noshowpos	重置 showpos
skipws	忽略开头的空白
noskipws	重置 skipws
unitbuf	清空输出标志，默认是 cerr 的缓冲单元
nounitbuf	重置 unitbuf
uppercase	以大写字母输出十六进制数值
nouppercase	重置 nouppercase
internal	在数据的符号和数据本身间插入填充符
left	左对齐输出数据
right	右对齐输出数据
dec	以十进制输入／输出整型数据
hex	以十六进制输入／输出整型数据
oct	以八进制输入／输出整型数据
fixed	以定点形式表示浮点数
scientific	以科学计数法输入／输出浮点型数值

【例 10-5】使用控制符实现例 10-1 类似的输出控制。

```
#include <iostream>
using namespace std;
int main(){
    float a=34.5;
```

```
    cout<<scientific<<left<<showpos<<a<<endl;
    return 0;
}
```

输出结果为：

```
+3.450000e+001
```

【例 10-6】使用控制符实现例 10-2 类似的输出控制。

```
#include <iostream>
using namespace std;
int main(){
    float i=-5.1;
    cout.width(10);
    cout.fill('*');
    cout<<internal<<i<<endl;
    return 0;
}
```

输出结果为：

```
-******5.1
```

10.3　磁盘文件的输入 / 输出

上面介绍了标准输入 / 输出设备文件 cin 和 cout 的输入和输出操作。在 C++ 中，fstream 类用来处理磁盘文件的输入和输出，它由类 iostream 派生。ifstream 类用来处理磁盘文件的输入操作，它由 istream 类派生，ofstream 类用来处理磁盘文件的输出操作，它由 ostream 类派生。

10.3.1　文件的打开和关闭

如果将信息输出（写入）到文件，则需要构造输出文件流对象；如果要从文件中输入（读取）数据，则需要构造输入文件流对象。构造文件流对象的步骤是先声明一个文件流对象，然后用 open() 函数打开文件。

1. 构造输出文件流对象

```
ofstream file1;
file1.open("filename1");
```

上面第一条语句声明了一个输出文件流对象，第二条语句用于打开该文件，这样就定义了输出流对象 file1，并以写的方式打开了磁盘文件 filename1。这两条语句等同于：

```
ofsteam file1("filename1");
```

2. 构造输入文件流对象

```
ifstream file2;
file2.open("filename2");
```

上面第一条语句说明了一个输入文件流对象，第二条语句用于打开该文件，这样就定义了输入流对象 file2，并以读的方式打开了磁盘文件 filename2。这两条语句等同于：

```
ifstream file2("filename2");
```

3. 构造输入 / 输出文件流对象

可以说明一个 fstream 类对象，并在打开文件时说明文件的访问方式。

```
fstream file3;
file3.open("filename3", ios::out);
```

上面两条语句等同于：

```
fstream file3("filename3", ios::out);
```

这里定义了 fstream 类的对象 file3，ios::out 指出了打开文件 filename3 后的访问方式是进行写操作。

再如：

```
fstream file4;
file4.open("filename4", ios::in);
```

上面两条语句等同于：

```
fstream file4("filename4", ios::in);
```

这里定义了 fstream 类的对象 file4，ios::in 指出了打开文件 filename4 后的访问方式是进行读操作。

4. 文件访问方式

打开文件时，可以设置文件的访问方式，下表中列出文件打开时可用的访问方式：

ios::in	以读方式打开文件
ios::out	以写方式打开文件，如果文件已存在，则从头写，如果文件不存在，则创建新文件
ios::ate	文件打开时，文件指针位于文件尾
ios::app	以追加方式打开文件
ios::trunc	如果文件已存在，则将其长度截断为 0；如果文件不存在，则创建新文件
ios::binary	以二进制方式打开文件（缺省为文本方式）以上各种方式可以组合使用，组合时用 "|" 来连接多种方式，例如：
ios::in | ios::out	以读和写的方式打开文件
ios::in | ios::binary	以二进制读方式打开文件

5. 文件的关闭

文件操作结束后要及时关闭，关闭操作可以将内存中尚未写入文件的数据写入文件，并切断与内存的联系。

关闭一个被打开的文件，由所打开文件的流对象调用 close() 成员函数完成。例如：

```
file1.close();
file2.close();
```

10.3.2　文件指针

当打开文件并进行读写操作时，必须有一种方式记住当前正在读写的位置，由此引入了文件指针的概念。在读操作时，文件指针指向文件中下一个要读取的字节位置；在写操作时，文件指针指向下一个待写入的字节位置。在文件访问过程中，有时需要从当前的读写位置跳到某一个指定位置，而不是顺序地从文件头一直访问到该位置，就需要操作文件指针的位置。在 C++ 中，seekp(), tellp(), seekg(), tellg() 函数用于设置文件的读写指针，其中：

seekp() 函数——设置下一个要写的数据位置；

tellp() 函数——返回文件当前写的位置，是距文件头的字节数；

seekg() 函数——设置下一个将读取数据的位置；

tellg() 函数——返回当前文件读的位置，是距文件头的字节数。

例如：

```
ostream file1;
file1.seekp(50, ios::beg);
```

将写指针移到距当前位置之后 50 个字节处。

```
file1.seekp(-50, ios::end);
```

将写指针移到距文件尾 50 个字节处。

```
file1.seekg(-50, ios::cur);
```

将读指针移到当前位置之前 50 个字节处。

10.3.3 文本文件的读写

流类库的输入 / 输出操作 <<、put()、write()、>>、get()、getline() 等，同样可以用于文本文件的输入 / 输出。

【**例 10-7**】编程实现将文字 " I am a stuent. I am a college student. "分两行写入磁盘文件 "text.dat"。

```
#include <iostream>
#include <fstream>
using namespace std;
int main(){
    fstream file1;
    file1.open("text.dat", ios::out);
    if (!file1) {
        cout<<"open error! "<<endl;
        abort();
    }
    file1<<"I am a student. "<<endl;
    file1<<"I am a college student. "<<endl;
    file1.close();
    return 0;
}
```

【**例 10-8**】编程实现将例 10-7 中 text.dat 文件中的内容读出并显示在屏幕上。

```
#include <iostream >
#include <fstream >
using namespace std;
int main(){
```

```
    fstream file2;
    file2.open("text.dat",ios::in);           //路径中的斜杠双写，如 c:\\text.dat
    if (!file2)  {
       cout<<"file open error! "<<endl;
       abort();
    }
    char s[50];
    while(!file2.eof()) {
       file2.getline(s,sizeof(s));
       cout<<s<<endl;
    }
    file2.close();
    return 0;
}
```

文本文件按顺序存取，为正确得到文件中各数据，各数据间最好有分隔符，数据项间的分隔符可以是空白符、换行符、制表符等。

10.3.4 二进制文件的读写

要打开二进制文件，需要在用 open 打开文件时，指定文件的打开方式为 ios::binary。另外向二进制文件写入信息时通常使用 write() 函数，从二进制文件中读取信息时通常使用 read() 函数。二进制文件的存取方式是随机存取。

【例 10-9】编程实现将文字"I am a stuent. I am a college student."分两行写入二进制文件"text.dat"中，并从该文件中读出来。

```
#include <iostream>
#include <fstream>
using namespace std;
int main(){
   fstream file;
   file.open("text.dat",ios::in | ios::out | ios::binary);
   if(!file){
      cout<<"file open error! "<<endl;
      abort();
   }
   file.write("I am a student.\n", 50);
   file.write("I am a college student\n", 50);
   file.seekp(0,ios::beg); //将写指针移到文件头
   char ch[50];
   while(!file.eof()) {
      file.read(ch,sizeof(ch));
      cout<<ch<<endl;
   }
   file.close();
   return 0;
}
```

10.3.5 操作文件流的常用方法

下面介绍对输入文件流 ifstream 和输出文件流 ofstream 的常用操作方法。

1. 输入文件流的常用操作方法

表 10-1 列出了输入文件流的常用操作方法的函数原型及其使用说明。

表 10-1　输入文件流 ifstream 的常用方法列表

操作类型	原型	调用结果
构造函数	ifstream();	构造一个 ifstream 对象而不打开一个文件
构造函数	ifstream(const char* szName, int nMode = ios::in, int nProt = filebuf::openprot);	构造一个 ifstream 对象并打开指定文件
析构函数	~ifstream();	销毁一个 ifstream 对象及其关联的 filebuf 对象
打开文件	void open(const char* szName, int nMode = ios::in, int nProt = filebuf::openprot);	打开一个磁盘文件供读取
字符读取	int get();	继承自 istream 类，从输入流中读取单个字符
串读取	istream& get(unsigned char* puch, int nCount, char delim = '\n');	继承自 istream 类，从输入流中读取字符存入 puch 中，直到读取 nCount 个字符或遇到 delim 指示的字符（delim 默认为换行符 '\n'）
串读取	istream& getline(char* pch, int nCount, char delim = '\n');	继承自 istream 类，从输入流中读取一个字符串放入 pch 中，直到读取 nCount-1 个字符（第 nCount 的字符自动为 null 终止符）或遇到 delim 指示的字符（delim 默认为换行符 '\n'）
块读取	istream& read(char* pch, int nCount);	继承自 istream 类，从输入流读取数据块，直至达到 nCount 个字符或到达文件尾，该函数通常用于二进制文件读取
字符返还	istream& putback(char ch);	继承自 istream 类，将刚读取的字符退回输入流，文件指针相应前移 1 字符
文件指针定位	istream& seekg(streamoff off, ios::seek_dir dir);	继承自 istream 类，将文件指针按指定方向 dir 移动指定的偏移量 off，其中 dir 的取值为：ios::beg（从流的开始位置）、ios::cur（从流的当前位置）、ios::end（从流的尾部），off 用正负值控制后移或前移
">>" 运算符重载输入	istream::operator >>	继承自 istream 类，从输入流中读取与参数对应的内容

2. 输出文件流的常用操作方法

表 10-2 列出了输出文件流的常用操作方法的函数原型及其使用说明。

表 10-2　输出文件流 ofstream 的常用方法列表

操作类型	原型	调用结果
构造函数	ofstream();	构造一个 ofstream 对象而不打开一个文件
	ofstream(const char* szName, int nMode = ios::out, int nProt = filebuf::openprot);	构造一个 ofstream 对象并打开指定文件
析构函数	~ofstream();	销毁一个 ofstream 对象及其关联的 filebuf 对象
打开文件	void open(const char* szName, int nMode = ios::out, int nProt = filebuf::openprot);	打开一个磁盘文件供写入
字符写入	ostream& put(char ch);	继承自 ostream 类，向输出流中插入单个字符
块写入	ostream& write(const char* pch, int nCount);	继承自 ostream 类，将 pch 指向的缓冲区中的 nCount 个字符写入输出流。如果输出流是以 text 方式打开，则会追加写入一个换行符。该函数经常用于二进制流的输出操作

（续）

操作类型	原型	调用结果
文件指针定位	ostream& seekp(streamoff off, ios::seek_dir dir);	继承自 ostream 类，将文件指针按指定方向 dir 移动指定的偏移量 off，其中 dir 的取值为：ios::beg（从流的开始位置）、ios::cur（从流的当前位置）、ios::end（从流的尾部），off 用正负值控制后移或前移
"<<" 运算符重载输出	ostream::operator <<	继承自 ostream 类，将运算符后的变量或内容插入到流中

3. 输入／输出文件流的通用操作方法

表 10-3 列出了输入文件流和输出文件流通用的常用操作方法的函数原型及其使用说明。

表 10-3　输入文件流和输出文件流通用的方法列表

操作类型	原型	调 用 结 果
设置模式	int setmode(int nMode = filebuf::text);	设置流的 filebuf 对象为二进制或文本模式
判定打开状态	int is_open() const;	判定文件是否打开
判定结束状态	int eof() const;	继承自 ios 类，如果到达文件结束则返回非 0 值
判定文件打开失败	int fail() const;	继承自 ios 类，如果发生任何 I/O 错误（如打开文件失败）则返回一个非 0 值
判定文件状态良好	int good() const;	继承自 ios 类，如果未发生任何错误，则返回一个非 0 值

例 10-10 演示了对输入文件流和输出文件流的一些方法的利用。

【例 10-10】利用文件中的特征标记判断文件的类型。

作为二进制文件读取的另一个例子，结合类的定义和使用，我们来设计一个判断文件类型的类。对文件类型的判断有两种方法，方法之一是利用文件扩展名，如 RTF 文件类型一般扩展名为 ".rtf"，HTML 文件类型一般扩展名为 ".htm" 或 ".html"，Microsoft Windows Word.doc 文件类型一般扩展名为 ".doc"，等等，这种简单的判定方法比较适合于取名规范的文件。另一种更为准确地判断文件类型的方法是利用文件中的标记信息或是文件头中的控制信息，如一些文本型的文件，像 RTF、PDF、HTML 等，在自身的文件内容中即携带有关于文件类型的信息。例如，对 RTF 文件，文件开头的 5 个字节为字符串 "{\rtf"；对 PDF 文件，文件开头一行为 "%PDF-1.x"，其中 "1.x" 是该 PDF 文件所遵循的 PDF 规范版本号；对 HTML 文件，文件的开头一行为字符串 "<html>"；等等。对于非文本型文件，如 Microsoft Windows Word.doc 文件，一般带有专用格式的文件头，其中包含有一些特征，隐含地确定了该文件的类型。

.doc 文件首先属于 OLE（对象链接与嵌入：Object Linking and Embedding）文件的一种，因此 .doc 文件的头八个字节是 OLE 文件的特征串——二进制串 "0xD0 CF 11 E0 A1 B1 1A E1"，并且在该文件的某个 128 字节倍数的位置处，如果起始首字节大于 0x80 且次字节为 0xA5，则该文件为 .doc 文件。doc 文件头信息如图 10-2 所示。

本例中，设计了一个类 FileTypeAnalyzer，是一个文件类型分析器。在类的数据成员中，定义了一个用于存储文件特征的结构数组，数组的每个元素对应一种文件类型，其 beginOffset 分量用于描述刻画文件类型的特征串在文件中的起始位置；fileSignLong 分量用于表示该特征串的长度；fileSignStr 串用于存储该特征串；fileType 分量用于描述具有该特征的文件类型。为控制方便，FileTypeAnalyzer 定义了一个数据成员 NumOfFT 表示当前要判断的文件类型数量。在本例中，仅例举了 PDF、RTF、HTML、OLE 和 DOC 文件的判断，而 DOC 文件又属于 OLE 文件的一个子类，因此在构造函数中将 NumOfFT 初始化为 4。

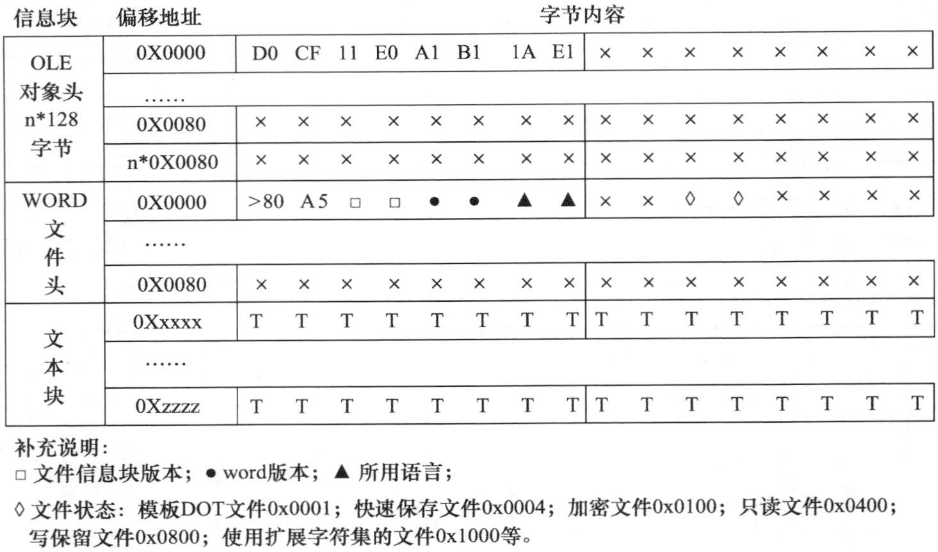

信息块	偏移地址	字节内容															
OLE 对象头 n*128 字节	0X0000	D0	CF	11	E0	A1	B1	1A	E1	×	×	×	×	×	×	×	×
	……																
	0X0080	×	×	×	×	×	×	×	×	×	×	×	×	×	×	×	×
	n*0X0080	×	×	×	×	×	×	×	×	×	×	×	×	×	×	×	×
WORD 文件头	0X0000	>80	A5	□	□	●	●	▲	▲	×	×	◊	◊	×	×	×	×
	……																
	0X0080	×	×	×	×	×	×	×	×	×	×	×	×	×	×	×	×
文本块	0Xxxxx	T	T	T	T	T	T	T	T	T	T	T	T	T	T	T	T
	……																
	0Xzzzz	T	T	T	T	T	T	T	T	T	T	T	T	T	T	T	T

补充说明:

□ 文件信息块版本；● word版本；▲ 所用语言；

◊ 文件状态：模板DOT文件0x0001；快速保存文件0x0004；加密文件0x0100；只读文件0x0400；写保留文件0x0800；使用扩展字符集的文件0x1000等。

图 10-2   Microsoft Windows Word .doc 文件格式示意图

FileTypeAnalyzer 的数据成员 FileType 和 SubFileType 分别用来存储文件类型及子类型，FileName 用来存储要判断的文件名，它们均在构造函数中初始化。

构造函数的初始化工作中，最复杂的就是初始化用于刻画文件类型的特征的结构数组。由于本例中要判断的文件类型有限，因此采用了一种列举的方法。对其优化措施是将所有的文件类型特征串定义在一个配置文件中，并在构造函数中逐个地读出每个特征并给结构数组赋值（由读者自己修改实现）。

了解了文件类型的判定特征，成员函数 BeginAnalyzing() 的工作就比较简单了，它逐个匹配特征，并根据文件类型和子类型更新数据成员 FileType 和 SubFileType。

成员函数 FileTypeOutput() 的功能比较简单，即根据已判断出来的文件类型，输出文件类型信息。

析构函数未定义任何操作，仅留作功能扩展时使用。

为了测试 FileTypeAnalyzer 类，设计了主程序，它利用用户从键盘输入的文件名，调用 FileTypeAnalyzer 类的构造函数并创建一个指向该对象的指针 fta，再分别利用 fta 调用成员函数 BeginAnalyzing() 实现函数类型判断，调用 FileTypeOutput() 函数完成文件类型信息的显示输出。

整个程序如下所示:

```
// FileTypeAnalyzer.h: FileTypeAnalyzer 类的头文件
#ifndef    _FILE_TYPE_ANALYZER
#define _FILE_TYPE_ANALYZER
#endif     // _FILE_TYPE_ANALYZER
class FileTypeAnalyzer{
private:
```

```cpp
    struct FileSignNode {
        longbeginOffset;
        intfileSignLong;
        charfileSignStr[128];
        charfileType[128];
    } FileSignList[64];
    int NumOfFT;
    int FileType;
    int SubFileType;
    char FileName[128];
public:
    FileTypeAnalyzer(char *);
    ~FileTypeAnalyzer();
    int BeginAnalyzing();
    void FileTypeOutput();
};
//==================================================
// FileTypeAnalyzer.cpp: FileTypeAnalyzer 类的实现文件
#include <iostream>
#include <fstream>
#include <string.h>
#include "FileTypeAnalyzer.h"
using namespace std;
FileTypeAnalyzer::FileTypeAnalyzer(char *InputFileName){
    strcpy(FileName, InputFileName);
    FileType = -1;
    SubFileType = -1;
    NumOfFT = 4;
    FileSignList[0].beginOffset=0;
    FileSignList[0].fileSignLong=5;
    strcpy((char *)FileSignList[0].fileSignStr, "{\\rtf");
    strcpy((char *)FileSignList[0].fileType, "Rich Text Format (RTF)");
    FileSignList[1].beginOffset=0;
    FileSignList[1].fileSignLong=6;
    strcpy((char *)FileSignList[1].fileSignStr, "<html>");
    strcpy((char *)FileSignList[1].fileType,
            "HyperText Mark-up Language (HTML)");
    FileSignList[2].beginOffset=0;
    FileSignList[2].fileSignLong=6;
    strcpy((char *)FileSignList[2].fileSignStr, "%PDF-1");
    strcpy((char *)FileSignList[2].fileType,
             "Portable Document Format (PDF)");
    FileSignList[3].beginOffset=0;
    FileSignList[3].fileSignLong=6;
    char OLEStr[9]={
                    (char)0xD0,(char)0xCF,(char)0x11,(char)0xE0,(char)0xA1,
                    (char)0xB1,(char)0x1A,(char)0xE1,(char)0
                    };
    strcpy((char *)FileSignList[3].fileSignStr, (char *)OLEStr);
    strcpy((char *)FileSignList[3].fileType,
            "Object Linking and Embedding (OLE)");
    FileSignList[4].beginOffset=0;
    FileSignList[4].fileSignLong=0;
    memset((char *)FileSignList[4].fileSignStr, 0, 128);
    memset((char *)FileSignList[4].fileType, 0, 128);
};
int FileTypeAnalyzer::BeginAnalyzing(){
```

```
        fstream filet;
        char buffer[128];
        filet.open(FileName, ios::in |ios::binary);
        if (!filet) {
            cout<<"The input file "<<FileName<<" DOES NOT exist!"<<endl;
            system("pause");
            exit(1);
        }
        for (int i=0; i<NumOfFT; i++) {
            //将写指针移到文件头
            filet.seekp(FileSignList[i].beginOffset, ios::beg);
            //可以在此处加上异常处理，判断文件访问是否越界
            filet.read(buffer,sizeof(buffer));
            if (strncmp(buffer, FileSignList[i].fileSignStr,
                        FileSignList[i].fileSignLong) == 0) {
                FileType = i;
                break;
            }
        }
    if (FileType == 3) {
        //是 OLE 文件，进一步判断该文件是否是一个 Microsoft Windows Word 文件
        while (filet.read(buffer,sizeof(buffer)))
        {
            if ((unsigned char)buffer[1]==0xA5 && buffer[0] & 0x80)
            {
                SubFileType = NumOfFT;
            }
        }
    }
    filet.close();
    return FileType;
}

void FileTypeAnalyzer::FileTypeOutput(){
    if (FileType != -1) {
        cout<<"File type of "<<FileName<<" is: ";
        cout<<FileSignList[FileType].fileType<<endl;
        if (SubFileType == NumOfFT) {
            cout<<FileName<<" is also a Microsoft Word File."<<endl;
        }
    }
    else {
        cout<<"File type of "<<FileName<<" can not be determined."<<endl;
    }
}

FileTypeAnalyzer::~FileTypeAnalyzer(){
}
=================================================
// TestFileTypeAnalyzer.cpp: 主程序，用于测试 FileTypeAnalyzer 类
#include <iostream>            // for cin
#include "FileTypeAnalyzer "    // for class FileTypeAnalyzer
using namespace std;
int main(){
    char InputFileName[128];
    cin>>InputFileName;             //输入待判定文件类型的文件名
    FileTypeAnalyzer *fta=new FileTypeAnalyzer(InputFileName);
```

```
      fta->BeginAnalyzing();
      fta->FileTypeOutput();
      return 0;
  }
```

习题

1. 什么是流？列举 C++ 中几个主要的流类及其作用。

2. 写出下列程序段的结果：

```
1) for(int i=0; i<6; i++) {
       cout<<setw(10-i)<< '*';
       for(int j=0; j<2*i-1; j++)
           cout<<'*';
       cout<<endl;
   }
2) const double PI=3.1415;
   cout.width(10);
   cout.fill('*');
   cout<<internal<<PI<<endl;
   cout<<scientific<<left<<showpos<<PI<<endl;
```

3. 设计程序，分别用 put() 函数和输出运算符 "<<" 将一个字符串的值输出到当前目录下的 t1.txt 文件中。

4. 将第 3 题文件中的字符数据分别用 get()、getline() 和输入运算符 ">>" 显示在屏幕上。

5. 在信息处理领域，经常需要从各类格式文件中抽取文本，这些格式文件包括：RTF 文件、HTML 文件、PDF 文件、XML 文件、Micorsoft Windows Word DOC 文件等。因此可以定义一个 FileTextExtractor 抽象类，它是对各类文件抽取器的抽象。FileTextExtractor 的基本属性包括：

```
char *SourceFileName;                                    // 输入文件名
char *TextFileName;                                      // 输出文件名
int SourceFileLength;                                    // 输入文件的长度
ifstream in_r_f;                                         // 输入文件流，用于读取
                                                         // 源文件内容
ofstream out_t_f;                                        // 输出文件流，用于输出
                                                         // 抽取出的文件

FileTextExtractor 的公有方法包括：
FileTextExtracotor(char *SourceFileName,char *TextFilename);  // 构造函数 1
FilelTextExtractor(char *SourceFileName);                     // 构造函数 2

~FileTextExtractor();                                    // 析构函数
char *GetSourceFileName();                               // 返回输入的文件名
char *GetTextFileName();                                 // 返回输出的文件名
virtual bool IsThisFileType(char *Typename);             // 判定文件是否属于指定类型
virtual void GetTextOut();                               // 分析源文件，抽取其中的文件并
                                                         // 写入输出文件
```

　　对每类文件的文本抽取器，可以将其定义为 FileTextExtracto 的一个子类，例如，将 RTF 文件文本抽取器、HTML 文件文本抽取器、PDF 文件文本抽取器、XML 文件文本抽取器、DOC 文件文本抽取器，分别定义成 FileTextExtractor 类的如下子类：

RTFTextExtractor：RTF 文件文本内容抽取器

HTMLTextExtractor：HTML 文件文本内容抽取器

PDFTextExtractor：PDF 文件文本内容抽取器

XMLTextExtractor：XML 文件文本内容抽取器
DOCTextExtractor：DOC 文件文本内容抽取器
它们之间的类层次结构图如图 10-3 所示。

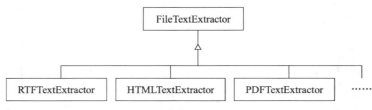

图 10-3　文件抽取类之间的层次结构

要求：
1）完成每个类的设计。
2）画出详细的类层次结构图。
3）实现基类 FileTextExtractor，其中：
①在其头文件 FileTextExtractor.h 中，只作变量的声明，而将变量的定义放在实现文件 FileText-
　Extractor.cpp 中。
②构造函数 1："FileTextExtracotor(char *SourceFileName, char *TextFilename)；"根据参数给出的输
　入文件名和输出文件名，分别打开输入文件流 in_r_f 和输出文件流 out_t_f 备用；并将参数中的
　输入文件名和输出文件名复制到 FileTextExtractor 类的 SourceFileName 和 TextFileName 属性中
　保存。
③构造函数 2："FilelTextExtractor(char *SourceFileName)；"根据输入文件名，构造输出文件名（文件
　主名与输入文件的主名相同，但文件扩展名为 .txt），然后完成构造函数 1 的功能。
④析构函数 "~FileTextExtractor()；"判断输入文件流 in_r_f 和输出文件流 out_t_f 是否处于打开状态，
　若是则关闭它们。
⑤将判定文件类型的方法 IsThisFileType() 定义为虚方法，其中参数 Typename 用于指示文件类型，其
　取值可以为 "RTF"、"HTML"、"PDF"、"XML" 和 "DOC" 等。
⑥实现 GetSourceFileName() 方法和 GetTextFileName() 方法，它们分别返回 FileTextExtractor 类中
　SourceFileName 和 TextFileName 属性的值。
⑦将分析源文件并抽取文本的方法 GetTextOut() 定义为虚方法。
4）实现 RTFTextExtractor、HTMLTextExtractor、PDFTextExtractor、XMLTextExtractor 或 DOCTextExtractor
　之一。关于这些文件的详细格式，可以查阅互联网上的有关资料。
5）用类似于下面的主函数，用来测试所实现的类：

```
// testTextExtractor.cpp
#include "RTFTextExtractor.h"
int main(){
   char *test_in_r_fname = "test.rtf";
   char *test_out_t_fname = "test.txt";
   RTFTextExtractor rte(test_in_r_fname, test_out_t_fname);
      if (rte. IsThisFileType("RTF"))
   rte. GetTextOut();
   return 0;
}
```

实验：I/O 流

实验目的

1. 了解流类库中主要的预定义类。
2. 掌握文件的读写操作。

实验任务及结果

1. 学生信息包括：姓名、性别、年龄和平均成绩，要求：

1）从键盘输入学生记录的信息并保存到文件中；

2）从文件中读出学生信息显示到屏幕上，在输出字符串时左对齐，输出数值时右对齐。

2. 针对上述学生对象建立一个学生类 Student，依次将文件中每条记录的值赋给每个学生对象。新建学生对象，并将键盘输入的数据值赋给学生对象的各个属性，并将新的学生对象的属性值写入文件中。

第 11 章 Windows 编程初步知识

C++ 语言为学习 Windows 编程奠定了基础。本章通过一个简单的"hello!"程序说明 Windows 编程的基本原理，并用一个基于对话框的例子说明如何利用 Windows 编程中常用的对话框及控件进行对象数据的输入 / 输出。

11.1 Windows 编程机制

Windows 是一个多进程的图形窗口操作系统。在这个操作平台上，多个程序之间之所以能够有序地运行，就在于它采用了基于事件的消息（message）处理机制。事件对应于 Windows 的某个操作，消息用于描述某个事件发生的信息，由事件产生消息。例如，按下鼠标左键是一个事件，当鼠标左键按下时，系统就会产生一条特定的消息，标志鼠标按键事件的发生。

消息驱动是 Windows 应用程序的核心，所有的外部事件（如键盘输入、鼠标单击等）都被 Windows 先拦截，转换成消息后再发送到应用程序中的目标对象，应用程序根据消息的具体内容进行相应的处理。消息不仅可以由 Windows 发出，也可由应用程序本身或其他程序产生，应用程序还可以自定义消息。Windows 程序的运行是依靠发生的事件来驱动的，换句话说，程序不断地等待，直到发生一个消息，然后对这个消息的类型进行判断，再做适当的处理，处理完此次消息后又回到等待状态，等待下一个消息的发生。

Windows 应用编程接口 API（Application Programming Interface）是 Windows 操作系统与应用程序之间的标准接口，它提供了上千个标准函数、宏和数据结构的定义。Windows 应用程序可以通过调用标准的 API 函数使用系统提供的功能。基于 Windows 软件开发工具包 SDK（Software Development Kit）的传统 Windows 编程方式实质上就是程序员通过调用 API 函数，一步一步地实现程序各部分的功能，这种方法的好处是程序员能够看到整个程序的框架和组成，但程序员自己必须编写所有的功能代码，其中包括实现一些几乎一成不变的 Windows 操作，例如，程序入口函数 WinMain、注册窗口类，等等。

【例 11-1】下面是一个典型的 SDK 应用程序框架，这个应用程序框架可以手工输入，也可以利用 Win32 Application 向导建立，两种方式的详细步骤分别如下所述。

1. 手工创建步骤

在 Visual C++ 中选择 File 菜单的 New 命令，在 New 对话框中的 Projects 选项卡中选择 Win32 Application，在 Project Name 框中输入项目名称 Test，单击 OK 按钮，选择 An empty project，单击 Finish 按钮完成操作。然后在项目中添加一个 Test.cpp 源文件，手工输入代码。

2. 利用 Win32 Application 向导创建的步骤

利用 Win32 Application 向导可以直接得到下列应用程序框架，步骤如下：

具体操作方法和手工创建步骤一致，只不过在单击 Finish 按钮完成操作后，可以从 FileView 中打开 Source Files 中的 Test.cpp 文件，看到如下代码：

```
ATOM MyRegisterClass(HINSTANCE hInstance);
BOOL InitInstance(HINSTANCE, int);
LRESULT CALLBACK    WndProc(HWND, UINT, WPARAM, LPARAM);
// 程序入口函数 WinMain
int APIENTRY WinMain(HINSTANCE hInstance,
                        HINSTANCE hPrevInstance,
                        LPSTR       lpCmdLine,
                        int         nCmdShow){
    MSG msg;
    HACCEL hAccelTable;
    LoadString(hInstance, IDS_APP_TITLE,
                szTitle, MAX_LOADSTRING);
    LoadString(hInstance, IDC_TEST,
                szWindowClass, MAX_LOADSTRING);
    MyRegisterClass(hInstance);
    // 执行应用初始化:
    if (!InitInstance (hInstance, nCmdShow)){
        return FALSE;
    }
    hAccelTable=LoadAccelerators(hInstance,
                                    (LPCTSTR)IDC_TEST);
    // 主要的消息循环:
    while (GetMessage(&msg, NULL, 0, 0)){
        if (!TranslateAccelerator(msg.hwnd, hAccelTable, &msg))
        {
            TranslateMessage(&msg);
            DispatchMessage(&msg);
        }
    }
    return msg.wParam;
}
// 注册 Windows 窗口类 MyRegisterClass
ATOM MyRegisterClass(HINSTANCE hInstance){
    WNDCLASSEX wcex;
    wcex.cbSize=sizeof(WNDCLASSEX);
    wcex.style=CS_HREDRAW | CS_VREDRAW;
    wcex.lpfnWndProc=(WNDPROC)WndProc;
    wcex.cbClsExtra=0;
    wcex.cbWndExtra=0;
    wcex.hInstance=hInstance;
    wcex.hIcon=LoadIcon(hInstance,
                                    (LPCTSTR)IDI_TEST);
    wcex.hCursor=LoadCursor(NULL, IDC_ARROW);
    wcex.hbrBackground=(HBRUSH)(COLOR_WINDOW+1);
    wcex.lpszMenuName=(LPCSTR)IDC_TEST;
    wcex.lpszClassName=szWindowClass;
    wcex.hIconSm=LoadIcon(wcex.hInstance,
                                    (LPCTSTR)IDI_SMALL);
    return RegisterClassEx(&wcex);
}

// 以全局变量保存初始化句柄,创建和显示主程序窗口 InitInstance
BOOL InitInstance(HINSTANCE hInstance, int nCmdShow){
    HWND hWnd;
    // Store instance handle in our global variable
    hInst=hInstance;
    hWnd=CreateWindow(szWindowClass, szTitle,
```

```
                          WS_OVERLAPPEDWINDOW,
                          CW_USEDEFAULT,
                          0,
                          CW_USEDEFAULT,
                          0,
                          NULL,
                          NULL,
                          hInstance,
                          NULL);
    if (!hWnd){
        return FALSE;
    }
    ShowWindow(hWnd, nCmdShow);
    UpdateWindow(hWnd);
    return TRUE;
}
// 处理主窗口发生的消息 WndProc
// WM_COMMAND      - 处理应用菜单
// WM_PAINT        - 重画主窗口
// WM_DESTROY      - 发送退出消息返回
LRESULT CALLBACK WndProc(HWND hWnd, UINT message,
                              WPARAM wParam,
                              LPARAM lParam){
    int wmId, wmEvent;
    PAINTSTRUCT ps;
    HDC hdc;
    TCHAR szHello[MAX_LOADSTRING];
    LoadString(hInst, IDS_HELLO, szHello, MAX_LOADSTRING);
    switch (message){
        case WM_COMMAND:
            wmId=LOWORD(wParam);
            wmEvent=HIWORD(wParam);
            // Parse the menu selections:
            switch (wmId)
            {
                case IDM_ABOUT:
                    DialogBox(hInst,
                            (LPCTSTR)IDD_ABOUTBOX, hWnd,
                            (DLGPROC)About);
                    break;
                case IDM_EXIT:
                    DestroyWindow(hWnd);
                    break;
                default:
                    return DefWindowProc(hWnd, message,
                                              wParam, lParam);
            }
            break;
        case WM_PAINT:
            hdc=BeginPaint(hWnd, &ps);
            // TODO: Add any drawing code here...
            RECT rt;
            GetClientRect(hWnd, &rt);
            DrawText(hdc, szHello, strlen(szHello),
                    &rt, DT_CENTER);
            EndPaint(hWnd, &ps);
            break;
```

```
        case WM_DESTROY:
            PostQuitMessage(0);
            break;
        default:
            return DefWindowProc(hWnd, message, wParam, lParam);
    }
    return 0;
}
```

从以上各函数模块可以看出 Windows 程序的架构。每个 Windows 程序至少需要两个函数：入口函数 WinMain 和窗口函数 WndProc。

WinMain 是 Windows 程序的入口主函数，该函数的主要任务是完成一些初始化工作，负责完成窗口的注册、创建和显示，并且维护一个消息循环。当消息循环结束后，就退出 WinMain 函数，也就退出了应用程序。

Windows 程序以窗口的形式存在，窗口注册函数将窗口函数同窗口联系在一起，在不同窗口之间传递消息是 Windows 和应用程序进行通信的主要形式。每个 Windows 应用程序必须有一个窗口函数。窗口函数是一种 callback（回调）函数（所谓 callback 是指该函数是被 Windows 调用的函数），它利用 switch/case 语句结构来判断消息的种类，并进行相应的处理。

Windows 中常用的消息大致可以分为 3 种类型：标准 Windows 消息、控件通知消息和命令消息。标准 Windows 消息以 WM_ 前缀（除 WM_COMMAND 消息外），包括鼠标的单击、双击和移动等消息、键盘消息和窗口消息，如窗口的重画 WM_PAINT、窗口移动 WM_MOVE 等，它们由窗口类或视图类处理；控件通知消息是对控件操作而引起的消息，是控件和子窗口向其父窗口发出的 WM_COMMAND 通知消息，在消息中含有控件通知码，以区分具体控件的消息；命令消息是由菜单项、工具栏按钮、快捷键等用户界面对象发出的 WM_COMMAND 消息，在消息中含有命令的标志符 ID，以区分具体的命令。

每一个消息要携带许多信息，主要包括消息标识和消息参数。Windows 程序首先辨明消息标识 message，然后转到相应的处理程序，利用消息参数 wParam 和 lParam 的值对消息进行具体处理。这就是事件驱动程序的实现机理。

11.2 MFC 和应用程序框架

微软基类库 MFC（Microsoft Foundation Classes）包含了用来开发 C++ 程序和 Windows 用户界面程序的一组基础类。MFC 为程序员实现了所有应用程序的公共部分，并支持菜单、窗口、对话框等组件。MFC 可以大大简化用户应用程序的开发，其核心是 Windows API。

MFC 不仅仅是一个类库，它还提供了应用程序框架。应用程序框架定义了应用程序的结构，是生成一般的应用程序所必须的各种组件的集成。

Visual C++ 提供了许多工具，用于支持应用程序框架，最常用的是 AppWizard 和 ClassWizard。应用程序编程向导 AppWizard 用于在应用程序框架基础上迅速生成用户应用程序的基本结构，类向导 ClassWizard 用于维护这种应用程序结构。

【例 11-2】下面用应用程序编程向导 AppWizard 生成一个单文档的应用程序框架，在菜单中添加一个菜单项，单击菜单项，弹出一个消息框，显示"Welcome!"步骤如下：

1）在 VC++ 环境下选择 File|New|Projects|MFC AppWizard(exe)，在 Project Name 处输入工程名 test，如图 11-1 所示。

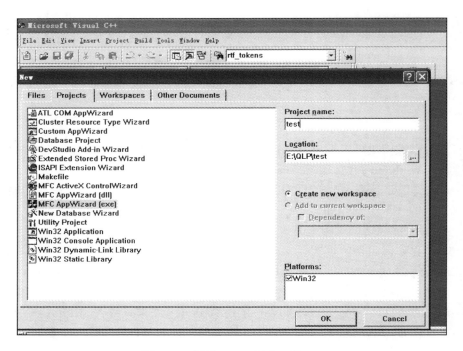

图 11-1　利用 VC++ 创建工程 test

2）单击 OK 按钮，选择 Single Document，单击 Next 按钮，紧接着的 2、3、4、5 步骤都取默认选项，第 6 步单击 Finish 后出现刚才各步骤选择后的工程信息，如图 11-2 所示。单击 OK 按钮。

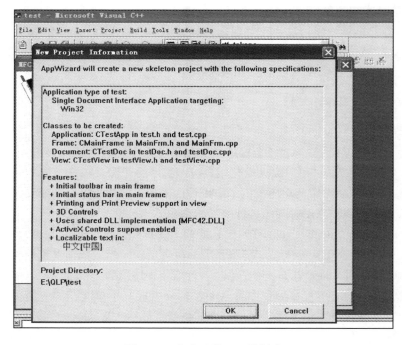

图 11-2　完成工程 test 的创建

3）在下面的项目工作区窗口中选择 ClassView 标签，可以看到 AppWizard 为 test 工程产生了 5 个类：对话框类 CAboutDlg，应用程序类 CTestApp，文档类 CTestDoc，视图类 CTestView，框架窗口类 CMainFrame，如图 11-3 所示。

①对话框类 CAboutDlg：以 CDialog 为基类自动派生，在程序运行时，单击"帮助"菜单下的菜单项"关于 test(A)…"时调用。

②应用程序类 CTestApp：由 CWinApp 类派生，主要完成应用程序的初始化、程序的启动和程序运行结束后的清理工作。

③文档类 CTestDoc：由 CDocument 类派生，主要完成应用程序数据的保存和装载，实现文档的序列化功能。

④视图类 CTestView：由 CView 类派生，主要负责客户区数据的显示及人机交互。

⑤框架窗口类 CMainFrame：由 CFrameWnd 派生，主要负责标题栏、菜单、工具栏和状态栏的创建。

上述各个类展开后可以看到其中定义的成员函数。

Win32 程序中的 WinMain 和 WndProc 函数被封装在类库里，在程序中定义了一个全局对象 theApp：

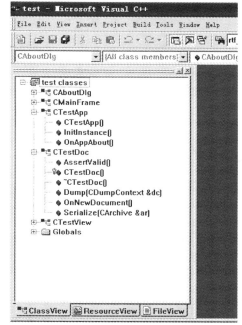

图 11-3   工程 test 的类视图

```
CTestApp theApp;
```

theApp 通过调用 InitInstance 创建窗口。

4）选择项目工作区的 ResourceView 标签，可以显示所有的资源文件。双击 Menu 中的主框架菜单 (IDR_MAINFRAME)，则弹出菜单资源编辑器，单击"查看"主菜单，在其下方双击带虚框的空白菜单项，弹出菜单项属性对话框，如图 11-4 所示，在菜单项标识 ID 中输入 ID_TT，在"标题"中添加菜单项 TT。

5）设置菜单项 ID_TT 的消息处理：选中 TT 菜单项，右击在弹出框中选择建立类向导（ClassWizard），则弹出 MFC Class Wizard 对话框，如图 11-5 所示，选择 Message Maps 页面，在 Object IDs 处选择 ID_TT，在 Messages 处选择 COMMAND，单击 Add Function 按钮增加菜单项 ID_TT 在 CMainFrame 类中的消息处理函数，默认函数名为 OnTt。

6）单击 Edit Code 按钮，进入 OnTt 函数，如图 11-6 所示。编写单击菜单项时的消息处理代码：

```
MessageBox("Welcome!");
```

7）编译运行程序：选择"编译"菜单下的"编译 test.cpp"选项，编译工程 test，如果出现错误，则根据出错信息的提示，改正程序中的错误。在编译通过后，选择"编译"菜单下的"执行 test.exe"选项，执行工程 test。test 在执行时会弹出一个对话框，单击其菜单中的

"查看 |TT",则弹出消息框,显示"Welcome!",如图 11-7 所示。

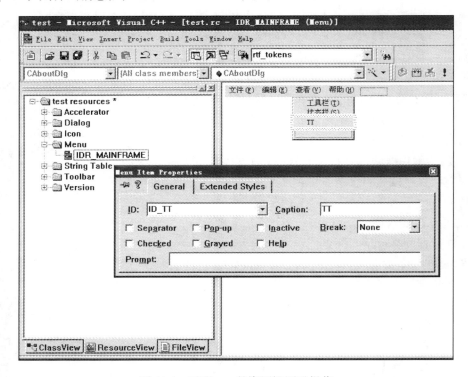

图 11-4　工程 test 的资源视图及操作

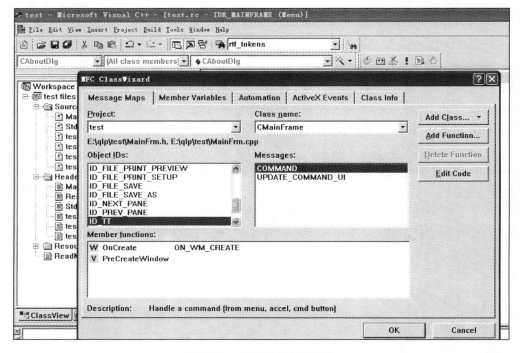

图 11-5　添加消息处理函数

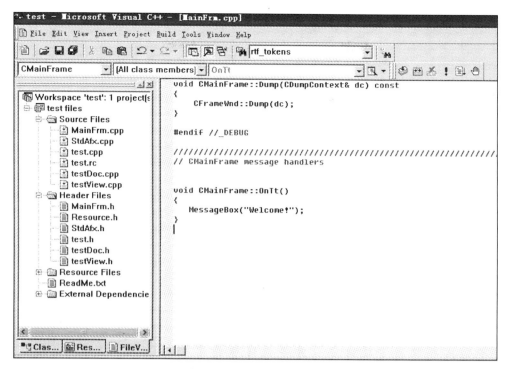

图 11-6　编辑消息处理代码

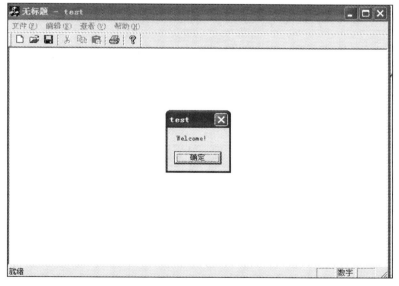

图 11-7　工程 test 的运行

11.3　基于对话框输入 / 输出对象数据

对话框是 Windows 应用程序中的一种常用的资源，其主要功能是输出信息和接收用户的输入数据。在对话框中，可以嵌入控件，用于完成不同的输入、输出功能。为了方便程序员实现对话框功能，MFC 提供了一系列对话框类，并实现了对话框消息的响应和处理机制。在这些预定义的对话框类中，CDialog 类是其中最重要的类，用户在程序中创建的对话框通常都是从此类派生的。CDialog 类提供了一系列成员函数，其中几个常用的函数如下：

DoModal	激活对话框，返回对话框结果
OnOK	单击 OK 按钮调用此函数
OnCancel	单击 Cancel 按钮调用此函数
ShowWindow	显示或隐藏对话框窗口
UpdateData	通过调用 DoDataExchange 函数设置或获取对话框控件的数据
GetWindowText	获取对话框窗口的标题
SetWindowText	修改对话框窗口的标题
GetDlgItemText	获取对话框中控件的文本内容
SetDlgItemText	修改对话框中控件的文本内容
GetDlgItem	获取控件或子窗口的指针
MoveWindow	移动对话框窗口
EnableWindow	使窗口处于无效或有效状态

【例 11-3】企业工资管理系统用于实现对企业中职工的工资管理。假设企业职工的信息包括：姓名，编号，工龄，固定工资，工时，要求该工资管理系统实现图 11-8 所示的运行界面，并且在单击"添加员工"命令按钮时，能够将添加的员工信息显示在编辑框中。

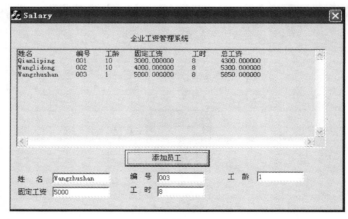

图 11-8　企业工资管理系统的运行界面

1. 运行界面设计

1）采用 Visual C++ 的应用程序编程向导 AppWizard，生成一个基于对话框的应用程序框架，该过程与例 11-2 中用应用程序编程向导 AppWizard 生成一个单文档的应用程序框架类似，不同之处仅是在在选择应用程序类型时，选择"基本对话（Dialog based）"而不是"单个文档"。如图 11-9 所示。

2）生成应用程序框架后，在控件工具栏中选择不同的控件添加在对话框中，按图 11-8 完成程序界面的设计，如图 11-10 所示。

每个控件对应一个控件类，用户对控件的操作将引起控件事件，由事件产生的消息由对话框接收并处理。每个控件都有一个唯一的 ID，还有其他的属性，可以选中控件后按右键设置，控件类的成员变量和消息映射可以通过类向导来完成。这里用到的控件有：

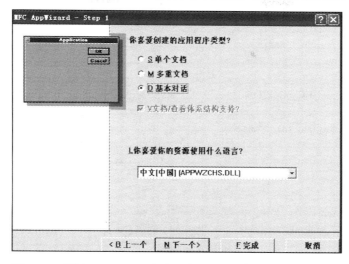

图 11-9　利用 AppWizard 生成一个基于对话框的应用程序框架

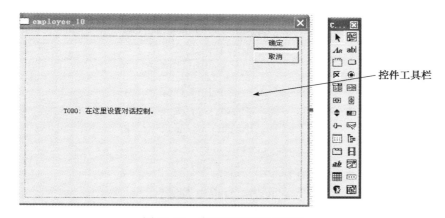

图 11-10　在对话框中添加控件

静态文本框（Static Text）：控件图标显示为 *Aa*，它对应 CStatic 类，用来显示一般不需要变化的文本，如用作编辑控件的标题；

编辑框（Edit Box）：控件图标显示为 *ab*，它对应 CEdit 类，用于数据的输入 / 输出。

命令按钮（Button）：控件图标显示为 □，它对应 CButton 类，命令按钮在按下时会立即执行命令。

表 11-1 是本例中用到的控件。

表 11-1　控件对象表

控件类型	控 件 ID	更改的属性	成员变量
静态文本	IDC_STATIC	Caption 为"企业工资管理系统"	
静态文本	IDC_STATIC	Caption 为"姓名"	
静态文本	IDC_STATIC	Caption 为"编号"	

（续）

控件类型	控 件 ID	更改的属性	成员变量
静态文本	IDC_STATIC	Caption 为"工龄"	
静态文本	IDC_STATIC	Caption 为"固定工资"	
静态文本	IDC_STATIC	Caption 为"工时"	
编辑框	IDC_EDIT_Report		m_Report
编辑框	IDC_EDIT_Name		m_Name
编辑框	IDC_EDIT_Sn		m_Number
编辑框	IDC_EDIT_Age		m_WorkAge
编辑框	IDC_EDIT_Salary		m_Salary
编辑框	IDC_EDIT_Hour		m_WorkHour
命令按钮	IDC_BUTTON_Add	Caption 为"添加员工"	

2. 职工类设计

这里先介绍 CString 类。CString 类是 C++ 中字符串处理的方法，它将常用的字符串处理函数都封装起来，从而使字符串的处理非常方便。下面是常用的 CString 类成员函数：

GetLength();	返回字符串的长度
IsEmpty();	判断字符串是否为空
GetAt();	返回字符串中指定位置的字符
SetAt();	返回 / 设置字符串中指定位置的字符
Mid();	从字符串中间取指定长度的子串
Left();	从字符串左侧取指定长度的子串
Right();	从字符串右侧取指定长度的子串
Insert();	在字符串中插入一个或多个字符
Delete();	在字符串中删除一个或多个字符
Format();	格式化字符串
Find();	查找子串
LoadString();	从 Windows 资源中加载 CString 对象

例如，为了输出方便，经常需要将其他类型的数据转换成字符串，此时可以利用 CString 类的 Format() 函数进行整数到字符串的转换：

```
CString str;
int a;
str.Format("%d", a);
```

本例中的职工类属性包括：姓名、编号、工龄、固定工资、工时、总工资。定义的操作有设置和返回各个属性的值。职工类 class Employee 的定义如下：

```
class Employee{
protected:
    CString Name;
    CString Num;
    int Work_Age;
    float Salary;
    int Work_Hour;
    float Total_Salary;        // 总工资
```

```
public:
    Employee(){};
    Employee(CString name, CString num, int workage,
                float salary, int workhour);
    CString GetName();
    CString GetNumber();
    int GetWorkAge();
    float GetSalary();
    int GetWorkHour();
    double GetTotalSalary();
    void SetName();
    void SetNumber();
    void SetWorkAge();
    void SetSalary();
    void SetWorkHour();
    void ComputeTotalSalary();              //计算总工资
    ~Employee(){};
};
```

3. 程序实现

下面通过应用程序向导生成的对话框类，实现企业工资管理系统的部分功能，其中的数据成员和消息映射函数由类向导自动生成。

```
class CSalaryDlg : public CDialog{
public:
    CSalaryDlg(CWnd* pParent=NULL);
    //对话框数据，利用类向导生成
    enum { IDD=IDD_SALARY_DIALOG };
    CString     m_Report;
    CString     m_Number;
    CString     m_Name;
    int         m_WorkAge;
    int         m_WorkHour;
    float       m_Salary;
protected:
    virtual void DoDataExchange(CDataExchange* pDX);
protected:
    HICON m_hIcon;
    //消息映射函数，通过类向导生成
    virtual BOOL OnInitDialog();
    afx_msg void OnPaint();
    afx_msg HCURSOR OnQueryDragIcon();
    afx_msg void OnBUTTONAdd();
    DECLARE_MESSAGE_MAP()
private:
    Employee e;                             //手工添加职工类对象
    bool ShowData();                        //手工需要调用的显示函数
};
按命令按钮"添加员工"触发的消息处理函数：
void CSalaryDlg::OnBUTTONAdd(){
    UpdateData(TRUE);                       //允许获取对话框控件数据
    if(m_Number.GetLength()==0
        || m_Name.GetLength()==0
        || m_Salary==0
        || m_WorkAge==0
```

```
        || m_WorkHour==0)
    {
        AfxMessageBox("请完整地输入雇员信息！");
        return;
    }
    e.SetName(m_Name);                    // 调用职员类对象 e 的成员函数
    e.SetNumber(m_Number);
    e.SetWorkAge(m_WorkAge);
    e.SetSalary(m_Salary);
    e.SetWorkHour(m_WorkHour);
    e.ComputeTotalSalary();
    ShowData();                           // 调用显示函数
}
// ShowData() 将职员类对象 e 的属性值显示在编辑框中
bool CSalaryDlg::ShowData(){
    CString text;
    CString tempstr;
    text+=e.GetName();
    text+="\t";
    text+=e.GetNumber();
    text+="\t";
    tempstr.Format("%d\t",e.GetWorkAge());
    text+=tempstr;
    tempstr.Format("%f\t",e.GetSalary());
    text+=tempstr;
    tempstr.Format("%d\t",e.GetWorkHour());
    text+=tempstr;
    tempstr.Format("%f\t",e.GetTotalSalary());
    text+=tempstr;
    text +="\r\n";
    m_Report=m_Report+text;               // 保证编辑框后续输出不影响先前显示的数据
    UpdateData(FALSE);                    // 允许设置对话框控件数据
    return 1;
}
```

实验：Windows 编程初步

实验目的

1. 掌握 Windows 编程的基本思想和调用机制。
2. 初步认识 MFC。

实验任务及结果

1. 构造一个简单的 Windows 程序，弹出对话框并输出"Hello World!"。
2. 练习使用 VC++ 的 AppWizard 生成一个最简单的 Windows 应用程序框架，弹出对话框，输出"Hello World!"。
3. 定义一个学生类，包含姓名、学号、成绩等，学生信息的输入/输出都通过对话框实现。

第 12 章　综合设计与实现

本章通过实例，综合运用前面学习过的面向对象理论和 C++ 编程知识，用以解决实际问题。

12.1　Hash 表的使用

当要处理大量相同类型的元素时，我们通常会选择数组或链表来存储这些元素。数组支持通过下标进行随机访问，普通链表一般只能进行顺序访问。因此如果要对其中某些元素进行查询定位操作时，数组存储可以带来更快的访问速度。

例如，词频统计是信息处理中经常使用的一项基本功能，用来统计一段文本甚至是一个文件集中每个词出现的频率，之后可用其来发现热点词汇或流行趋势。如要统计以下一个句子文本中的词频：

```
Words using the singular or plural number also include the plural or singular number.
```

词频统计结果分别为：Words(1), using(1), the(2), singular(2), or(1), plural(2), number(2), also(1), include(1)。

如果要对大量文本进行词频统计，则在统计过程中可以利用数组来累加单词出现的次数。可以采用结构化数组，结构体的两个变量分别用于存放单词和出现次数。如图 12-1a 所示。单词 using, singular, plural, the, ⋯分别存储在下标为 a1, a2, a3, a4, ⋯的数组单元中。

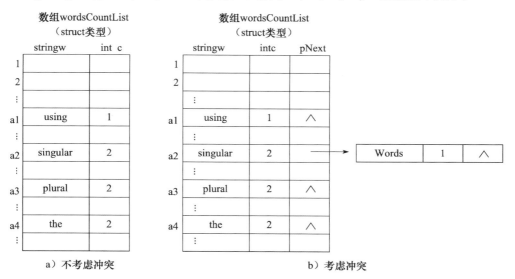

a）不考虑冲突　　　　　　　　　　　b）考虑冲突

图 12-1　哈希表存储示意图

那么问题关键是要确定每个单词所存放的位置，也就是对应数组元素的下标，自然地可以在单词与下标之间建立一个映射，根据单词的内容映射到数组下标区域范围内的一个数值，如图 12-1 所示，要将 using 映射成 a1，将 singular 映射成 a2，如此等等，然后将该单词及其对应的出现次数存放在对应下标的数组元素中。

上述这个映射的过程就是所谓的 Hash 方法，也称为哈希法或散列法。Hash 方法可以将任意长度的文本串或二进制串映射为一个固定长度的数值，也称为 Hash 值，并用来作为对应的数组下标，快速定位数组中对应的元素。

在此映射过程中，Hash 算法有可能将两个词映射成同一个数值，如图 12-1b 所示，singular 和 Words 两个词都被映射到数值 a2，即产生了 Hash 冲突。一种典型的解决 Hash 冲突的方法是采用链表，即将所有映射到同一数值的元素再以链表方式存储。因此好的 Hash 算法必须具有足够的随机性，能尽量让所有单词的均衡地映射到不同的 Hash 值，避免较多 Hash 冲突导致部分需要访问较深的链表而导致性能开销增大。

因此，Hash 算法都会用到随机数生成，由于计算机中的随机数是按照一定算法模拟生成的，并不是完全随机的，所以又称这些随机数为伪随机数，相应的算法称为伪随机数生成算法。C++ 在 11.0 版本后提供有非确定性随机数生成算法，在实现上是通过读取随机设备来生成高质量的随机数。

最简单的伪随机数生成算法包括线性同余、平方取中等。

线性同余算法中第 $i+1$ 个随机数 N_{i+1} 的生成公式为：

$$N_{i+1} \equiv (a \times N_i + c) \bmod M$$

其中，a、c、M 均为常数，最好取质数。

在平方取中算法中，如果要生成 m 位的随机数，第 $i+1$ 个随机数 N_{i+1} 的生成方式为：计算 N_i 的平方，如果不足 $2m$ 位则在之间补足 0，然后取中间的 m 位作为 N_{i+1}。

面向大型数组的冲突率较小的典型 Hash 方法还包括 MD5、CRC32 以及 SHA-1（安全 Hash 算法）等。

下面给出一个用纯 C++ 语言实现的 Hash 类的例子，提供了 Hash 表类的构造函数、析构函数、查找函数、插入函数、修改函数和删除函数，可以实现灵活的 Hash 表操作。在 Microsoft Visual Studio 中新建一个 Visual C++ Win32 控制台应用程序，验证该 Hash 表的各种操作。

// MY_HashTable.cpp：定义控制台应用程序的入口点。

```cpp
#include "stdafx.h"
#include <cstring>
#include <iostream>
#include <cstdlib>
#define HT_KEY_SIZE         32              // 定义键的最大长度
#define HT_TABLE_SIZE_DEFAULT    100        // 定义 Hash 表默认长度
using namespace std;
struct HT_NODE {
    // Hash 表项节点，包含一个字符串类型的键和一个整型的值，可在此扩展其他域
    char key[HT_KEY_SIZE];
    unsigned int value;
    struct HT_NODE *sameKey_next;           // 指向具有同一 Hash 值的下个节点
    // type other_fields;                   // 可增加其他域
    HT_NODE(char *k, unsigned int v){
        strcpy_s(key, k);
        value=v;
        sameKey_next=NULL;
    }
};
```

```cpp
class MY_HashTable{
private:
    int HTable_size;                                    // Hash 表大小
    int count;                                          // 表中已有非空节点数
    HT_NODE** HashTable;                                // 指向 Hash 表头
    unsigned int Func_Hash(char* Key);                 // Hash 函数
    HT_NODE* Find(char* Key);
public:
    MY_HashTable(int hts=HT_TABLE_SIZE_DEFAULT);       // 构造一个指定长度的 Hash 表，
                                                        // 默认长度为 HT_TABLE_SIZE_DEFAULT
                                                        // 定义的值
    virtual ~MY_HashTable();                            // 析构函数
    bool Add(HT_NODE *);                                // 向表中插入一个节点: true 为
                                                        // 成功
    bool Revise(HT_NODE *);                             // 修改同一键值的节点的值
    bool Contains(char* key);                           // 表中是否包含键值为 key 函数:
                                                        // true 为包含
    bool Remove(char* key);                             // 删除表中键值为 key 的节点
    void RemoveAll();                                   // 删除整个 Hash 表
    void Traversal();                                   // 遍历输出整个 Hash 表
};
MY_HashTable::MY_HashTable(int hts){
 // 构造一个长度为 hts 的 Hash 表，将每个表项预置为空
    HTable_size=hts;
    count=0;
    HashTable=new HT_NODE*[HTable_size];
    for(int loopi=0; loopi<HTable_size; loopi++){
        HashTable[loopi]=(HT_NODE*)NULL;
    }
}
MY_HashTable::~MY_HashTable(){
    // 删除 Hash 表中所有节点并释放空间
    RemoveAll();
    delete[] HashTable;
}
unsigned int MY_HashTable::Func_Hash(char *Key){
    // 基于 ELF Hash 函数改造，返回 [0, HTable_size) 间的一个整数
    unsigned  int  hv=0 ;
    unsigned  int  x=0 ;
    while   (* Key){
        hv=(hv<< 4)+(* Key ++);
        if   ((x=hv & 0xF0000000L)!= 0){
            hv^= (x>> 24);
            hv&=~ x;
        }
    }
    hv=hv & 0x7FFFFFFF;
    return (hv % HTable_size);
}
HT_NODE* MY_HashTable::Find(char* Key){
    // 查找键值为 Key 的节点，若未找到，则返回 NULL
    unsigned int hash_value=Func_Hash(Key);
    HT_NODE* tmpNode=HashTable[hash_value];
    while(tmpNode != (HT_NODE*)NULL){
        if(strcmp(Key, tmpNode->key) == 0){
            return tmpNode;
```

```
            }
            tmpNode=tmpNode->sameKey_next;
        }
        return (HT_NODE*)NULL;
    }
    bool MY_HashTable::Add(HT_NODE *Na){
        // 向 Hash 表中插入一个新节点，如果已存在同样键值的节点，则返回 false
        HT_NODE* existNode;
        if((existNode=Find(Na->key)) != (HT_NODE*)NULL){
            return false;
        }
        HT_NODE* newNode=new HT_NODE(Na->key, Na->value);
        unsigned long hash_value=Func_Hash(Na->key);
        newNode->sameKey_next=HashTable[hash_value];
        HashTable[hash_value]=newNode;
        count++;
        return true;
    }
    bool MY_HashTable::Contains(char *Key){
        // 查找 Hash 表中是否包含链值为 Key 的节点，是则返回 true，否则返回 false
        HT_NODE* existNode;
        if((existNode=Find(Key)) == (HT_NODE*)NULL){
            return false;
        }
        else {
            return true;
        }
    }
    bool MY_HashTable::Revise(HT_NODE *Na){
        // 修改 Hash 表中同一 Key 值的节点所对应的节点的其他域值
        HT_NODE* existNode;
        if((existNode=Find(Na->key)) == (HT_NODE*)NULL){
            return false;
        }
        existNode->value=Na->value;
        return true;
    }
    bool MY_HashTable::Remove(char* Key){
        // 删除 Hash 表中键值为 Key 的节点
        HT_NODE* existNode;
        if((existNode=Find(Key)) == (HT_NODE*)NULL){
            return false;
        }
        unsigned long hash_value=Func_Hash(Key);
        HT_NODE* tmpNode=HashTable[hash_value];
        if (strcmp(existNode->key, tmpNode->key) == 0)     {
        // 首个节点
            HashTable[hash_value]=tmpNode->sameKey_next;
            delete existNode;
            count--;
            return true;
        }
        else {
            HT_NODE* tmpNode_next=tmpNode->sameKey_next;
            while (tmpNode_next != (HT_NODE*)NULL){
                if (strcmp(existNode->key, tmpNode_next->key) == 0){
```

```
                tmpNode->sameKey_next=tmpNode_next->sameKey_next;
                delete existNode;
                count--;
                return true;
            }
            tmpNode=tmpNode_next;
            tmpNode_next=tmpNode_next->sameKey_next;
        }
        return false;
    }
}
void MY_HashTable::RemoveAll(){
    // 删除 Hash 表中所有节点
    for(int loopi=0; loopi<HTable_size; loopi++){
        HT_NODE* tmpNode=HashTable[loopi];
        HT_NODE* tmpNode_next;
        while(tmpNode != NULL){
            tmpNode_next=tmpNode->sameKey_next;
            delete tmpNode;
            tmpNode=tmpNode_next;
        }
    }
    count=0;
}
void MY_HashTable::Traversal(){
    // 遍历 Hash 表并输出所有元素
    for(int loopi=0; loopi<HTable_size; loopi++){
        HT_NODE* tmpNode=HashTable[loopi];
        while(tmpNode != NULL){
            cout<<"hash value:\t"<<loopi<<"\tkey:\t"<<tmpNode->key<<"\tcount:\
            t"<<tmpNode->value<<endl;
            tmpNode=tmpNode->sameKey_next;
        }
    }
    cout<<"Finished......."<<endl;
}
int _main(){
    // 测试程序：
    // 1．构造函数：生成一个长度为 5 的 Hash 表，插入 7 个节点，遍历输出 Hash 表
    // 2．再插入一个节点后，遍历输出 Hash 表
    // 3．删除一个节点后，遍历输出 Hash 表
    // 4．析构函数
    MY_HashTable *mht=new MY_HashTable(5);
    HT_NODE *htn1=new HT_NODE("zhao", 1);
    mht->Add(htn1);
    HT_NODE *htn2=new HT_NODE("qian", 2);
    mht->Add(htn2);
    HT_NODE *htn3=new HT_NODE("sun", 3);
    mht->Add(htn3);
    HT_NODE *htn4=new HT_NODE("li", 4);
    mht->Add(htn4);
    HT_NODE *htn5=new HT_NODE("zhou", 5);
    mht->Add(htn5);
    HT_NODE *htn6=new HT_NODE("wu", 6);
    mht->Add(htn6);
    HT_NODE *htn7=new HT_NODE("zheng", 7);
```

```
    mht->Add(htn7);
    mht->Traversal();
    HT_NODE *htn8=new HT_NODE("wang", 8);
    mht->Add(htn8);
    mht->Traversal();
    if (mht->Contains("zhou"))
        mht->Remove("zhou");
    mht->Traversal();
        mht->~MY_HashTable();
    return 0;
}
```

12.2 小型超市的商品销售管理系统

12.2.1 系统需求

小型超市商品销售管理系统选择小型超市的四类商品进行管理，这四类商品是：食品、化妆品、生活用品和饮料。每类商品都包含有商品名和商品利润（其中，商品的利润 =(售价 – 进价)× 库存量）。每类不同的商品还有区别于其他商品的特殊信息，例如，食品有批发商，化妆品有品牌，饮料有生产厂家。要求通过本系统实现以下功能：

1）完成添加一个商品的基本信息；

2）根据商品名查询某个商品的情况；

3）计算并显示某个商品的利润。

12.2.2 分析与设计

这个例子进一步说明了面向对象的方法主要是封装和继承的使用。因为小型超市的商品数目较多，因此在实现过程中将各类商品信息列表存放到文件中。

对于本系统中的四种不同种类的对象：食品、化妆品、生活用品、饮料，抽取各类商品的共性特征，其分别对应四个类：食品类、化妆品类、生活用品类和饮料类。然后在四个类的基础上，抽取四类商品的共性特征形成一个基类：商品类。

1. 商品类的共性特征和共性操作

（1）商品类的特征

商品类的共性特征有：商品名、售价、进价、库存量、利润。

商品的共性操作有：

- 数据输入。输入商品各属性信息，即商品名、售价、进价、库存量；
- 数据输出。输出商品的各个信息，即商品名、售价、进价、库存量、利润；
- 计算利润。利润的计算公式为（售价 – 进价）* 库存量。

为了方便信息的读取，给每类商品设置一个区别于其他商品的种类编号。另外，返回种类编号、返回商品名等也可以作为商品的共同操作。

其他各类商品继承商品的共性特征，并派生出自己特有的属性。

（2）食品类的特征

食品的特征有：商品名、售价、进价、库存量、批发商、利润。

（3）化妆品的特征

化妆品的特征有：商品名、售价、进价、库存量、品牌、利润。

（4）饮料类的特征

饮料的特征有：商品名、售价、进价、库存量、生产厂家、利润。

（5）生活用品类的特征

生活用品的特征有：商品名、售价、进价、库存量、利润。

2. 系统类的操作

系统的管理功能自成一个类，即系统类。该类的主要操作有：

- 商品的添加；
- 按名称查询某个商品的完整信息；
- 某个商品利润的计算、显示。

图 12-2 是小型超市商品销售管理系统的对象模型。

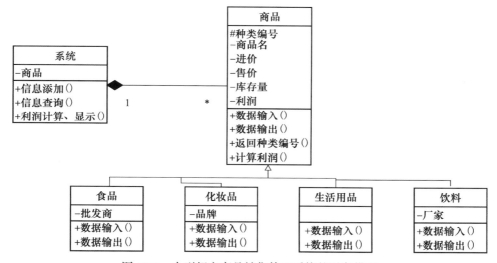

图 12-2　小型超市商品销售管理系统的对象模型

下面是各个类的定义。

```
// goods.h
class Goods{                              /* 商品类 */
protected:
    int num;
    char name[20];
    float enter_price;
    float sale_price;
    int stocks;
    float profit;
public:
    Goods(char *G_name=" ",float e_price=0,float s_price=0,int st=0);
    ~Goods(){}
    int Get_num();
    float Ge_price();
    float Gs_price();
    int G_stocks();
    float Get_profit();
    char *Getname();
    void Compute_profit();
```

```
        void Input();
        void Output();
    };
    class Food:public Goods{                    /* 食品类 */
      char merchant[20];
    public:
        Food(char *G_name=" ",float e_price=0,float s_price=0,int st=0,char *mer=" ");
        ~Food(){}
        void Input();
        void Output();
    };
    class Makeup:public Goods{                  /* 化妆品类 */
      char brand[20];
    public:
        Makeup(char *G_name=" ",float e_price=0,float s_price=0,
              int st=0,char *br=" ");
        ~Makeup(){}
        void Input();
        void Output();
    };
    class Article:public Goods{                 /* 生活用品类 */
     public:
        Article(char *G_name=" ",float e_price=0,float s_price=0,int st=0);
        ~Article(){}
        void Input();
        void Output();
    };
    class Drink:public Goods{                   /* 饮料类 */
        char factory[20];
    public:
        Drink(char *G_name=" ",float e_price=0,
              float s_price=0,int st=0,char *fac=" ");
        ~Drink(){}
        void Input();
        void Output();
    };
    class System{                               /* 系统类 */
      Goods A;
      Food B[10];
      Makeup C[10];
      Article D[10];
      Drink E[10];
      static int j1,j2,j3,j4;
      void infor1();                            /* 输入食品类对象数据 */
      void infor2();                            /* 输入化妆品类对象数据 */
      void infor3();                            /* 输入生活用品类对象数据 */
      void infor4();                            /* 输入饮料类对象数据 */
      void Success();
      void save();                              // 文件信息输出到内存
      void Search1(int h,char ch[20]);
      void Out_Profit1(int h,char *name);
      void Interface1();
    public:
      System();
      void In_information();                    /* 添加信息 */
      void Search();                            /* 查询 */
```

```
    void Out_Profit();                        /* 计算并显示利润 */
    void Interface();                         /* 界面输出 */
};
```

3. 系统类的设计

各个商品类涉及的操作都比较简单，具体的实现代码在本节后给出。下面着重说明系统类 System 的操作设计。

（1）文件中信息读入内存对象数组

系统维护着一个存放商品信息的文件和 4 个对象数组。当系统启动成功后，自动将商品信息从文件中读入内存各对象数组中。这个功能由系统类 System 的构造函数自动调用

```
void save();
System::System(){
    save();
}
```

所有商品的信息都存在一个文件中，由于不同种类商品信息的长度不相同，如何从文件里将这些数据读出并存放到各自对应的对象数组中？解决的方法是每次从文件中读取基类大小的一条信息存入基类对象中，并获得这条信息的种类编号，通过种类编号可以判定商品的类别，然后将指针回指到这条信息的开头，从文件中重新读取完整的商品信息，存入对应的对象数组中。

```
// Goods A
// Food B[j1]
datafile.read((char *)&A,sizeof(Goods));
a=A.Get_num();
switch(a){
    case 1:
    {
        datafile.seekp(-1*sizeof(class Goods),ios::cur);
        datafile.read((char *)&B[j1],sizeof(Food));j1++;
        ……
    }
    ……
}
```

（2）信息的添加

信息的添加功能由 “ void In_information() ; ”成员函数来完成，它根据要添加商品的类别分别调用对应的商品信息添加功能函数完成本类商品的添加。有四个类别的商品信息添加函数：

```
void infor1();                      /* 输入食品类对象数据 */
void infor2();                      /* 输入化妆品类对象数据 */
void infor3();                      /* 输入生活用品类对象数据 */
void infor4();                      /* 输入饮料类对象数据 */
```

下面以 infor1 为例说明一条商品信息添加的实现过程：

```
void System::infor1() {
    Food A;
    fstream datafile(fileName,ios::in|ios::out|ios::binary);
    datafile.seekp(0,ios::end);    // 写指针指到文件尾部
```

```
        A.Input();
        datafile.write((char *)&A,sizeof(class Food));
        B[j1]=A;
        datafile.close();
    }
```

Infor1() 完成一条食品对象信息的添加。新增加的食品信息添加在文件的尾部，食品 A 属性值（商品名等）的录入是调用食品类 Food 提供的数据输入成员函数 Input() 完成的，在食品对象信息录入文件的同时，也保存一份在内存食品对象数组 B 中。

（3）信息的查询

信息查询功能由 "void Search() ；" 成员函数来完成。它接收从键盘输入的商品名和商品种类编号，在对应的对象数组中查找，找到后通过调用对象的数据输出成员函数 Output() 来显示商品信息：

```
    if(strcmp(ch,B[s].Getname())==0)
        B[s].Output();
```

（4）利润计算和显示

利润的计算和显示也是按照商品名称来进行的。先接收从键盘输入的商品名和商品种类编号，在对应的对象数组中查找，找到后通过调用对象的利润计算函数计算利润并输出：

```
    if(strcmp(name, B[s].Getname())==0){
        B[s].Compute_profit();
        profit=B[s].Get_profit();
        cout<<" 商品名 :"<<name<<endl;
        cout<<" 利润 :"<<profit<<endl;
    }
```

（5）界面设计及实现

程序运行主界面由 System 类中的 Interface() 来完成，通过选择不同的菜单项并调用不同的成员函数完成各自的功能。

12.2.3 实现

程序实现的完整代码如下：

```
// goods.cpp
#include<iostream>
#include<string>
#include<fstream>
#include "goods.h"
using namespace std;
#define N 30                          // 商品的总数
char fileName[]="super.dat";          // 存放商品信息的数据文件
Goods::Goods(char *G_name,float e_price,float s_price,int st){
    strcpy(name,G_name);
    enter_price=e_price;
    sale_price=s_price;
    stocks=st;
}
int Goods::Get_num(){
    return num;
```

```
}
float Goods::Ge_price(){
    return enter_price;
}
float Goods::Gs_price(){
    return sale_price;
}
int Goods::G_stocks(){
    return stocks;
}
float Goods::Get_profit(){
    return profit;
}
char *Goods::Getname(){
    return name;
}
void Goods::Compute_profit(){
    profit=(sale_price-enter_price)*stocks;
}
void Goods::Input(){
    cout<<"\t\t                商品名:";
    cin>>name;
    cout<<"\t\t                进价:";
    cin>>enter_price;
    cout<<"\t\t                售价:";
    cin>>sale_price;
    cout<<"\t\t                库存量:";
    cin>>stocks;
}
void Goods::Output(){
    cout<<"\t\t                类别:"<<num<<endl;
    cout<<"\t\t                商品名:"<<name<<endl;
    cout<<"\t\t                进价:"<<enter_price<<endl;
    cout<<"\t\t                售价:"<<sale_price<<endl;
    cout<<"\t\t                库存量:"<<stocks<<endl;
}
Food:: Food(char *G_name, float e_price,
            float s_price,int st,char *mer):
            Goods(G_name,e_price,s_price,st){
    num=1;
    strcpy(merchant,mer);
}
void Food::Input(){
    Goods::Input();
    cout<<"\t\t                批发商信息:";
    cin>>merchant;
}
void Food::Output(){
    Goods::Output();
    cout<<"\t\t                批发商信息:"<<merchant<<endl;
}
Makeup::Makeup(char *G_name, float e_price,
              float s_price,int st,char *br):
              Goods(G_name,e_price,s_price,st){
    num=2;
```

```
        strcpy(brand,br);
    }
    void Makeup::Input(){
        Goods::Input();
        cout<<"\t\t                品牌:";
        cin>>brand;
    }
    void Makeup::Output(){
        Goods::Output();
        cout<<"\t\t                品牌:"<<brand<<endl;
    }
    Article::Article(char *G_name, float e_price,
                     float s_price,int st):
                     Goods(G_name,e_price,s_price,st){
        num=3;
    }
    void Article::Input (){
        Goods::Input();
    }
    void Article::Output(){
        Goods::Output ();
    }
    Drink::Drink(char *G_name, float e_price,
                 float s_price,int st,char *fac):
                 Goods(G_name,e_price,s_price,st){
        num=4;
        strcpy(factory,fac);
    }
    void Drink::Input(){
        Goods::Input();
        cout<<"\t\t                产地:";
        cin>>factory;
    }
    void Drink::Output (){
        Goods::Output ();
        cout<<"\t\t                产地:"<<factory<<endl;
    }
    int System::j1=0;
    int System::j2=0;
    int System::j3=0;
    int System::j4=0;
    System::System()
    {
        save();
    }
    void System::Interface1(){
      cout<<"\n\n\n";
      cout<<"\t\t    ********* 按商品类别进行管理 **********"<<endl;
      cout<<"\t\t    ********* 小型超市商品类别 **********"<<endl;
      cout<<"\t\t            1.食品类                   "<<endl;
      cout<<"\t\t            2.化妆品类                 "<<endl;
      cout<<"\t\t            3.生活用品类               "<<endl;
      cout<<"\t\t            4.饮料类                   "<<endl;
      cout<<"\t\t            5.退出                     "<<endl;
      cout<<"\t\t            请您选择商品类别:  ";
```

```
  }
  void System::In_information(){      /* 输入 */
    int rev1;
    int again=1;
    char t;
    while(again){
      Interface1();
      cin>>rev1;
      switch(rev1){
      case 1:
          infor1();
          break;
      case 2:
          infor2();
          break;
      case 3:
          infor3();
          break;
      case 4:
          infor4();
          break;
      case 5:
          Interface();
          break;
      default:
          cout<<"\t\t\t    没有此类商品！ "<<endl;
          continue;
      }
      cout<<"\t\t\t        信息存储成功！ "<<endl;
      cout<<"\t\t\t        是否继续输入 (y/n)？ ";
      cin>>t;
      cout<<endl;
      if(!(t=='Y' || t=='y'))
          again=0;
    }
    Interface();
  }
  void System::infor1(){
      Food A;
      fstream datafile(fileName,ios::in|ios::out|ios::binary);
      datafile.seekp(0,ios::end);      // 写指针指到文件尾部
      A.Input();
      datafile.write((char *)&A,sizeof(class Food));
      B[j1]=A;
      datafile.close();
  }
  void System::infor2(){
      Makeup A;
      fstream datafile(fileName,ios::in|ios::out|ios::binary);
      datafile.seekp(0,ios::end);
      A.Input();
      datafile.write((char *)&A,sizeof(class Makeup));
      C[j2]=A;
      datafile.close();
  }
```

```
void System::infor3(){
    Article A;
    fstream datafile(fileName,ios::in|ios::out|ios::binary);
    datafile.seekp(0,ios::end);
    A.Input();
    datafile.write((char *)&A,sizeof(class Article));
    D[j3]=A;
    datafile.close();
}
void System::infor4(){
    Drink A;
    fstream datafile(fileName,ios::in|ios::out|ios::binary);
    datafile.seekp(0,ios::end);
    A.Input();
    datafile.write((char *)&A,sizeof(class Drink));
    E[j4]=A;
    datafile.close();
}
void System::save(){
    int i,j;
    int a;
    fstream datafile(fileName,ios::out|ios::in|ios::binary);
    datafile.read((char *)&A,sizeof(Goods));
    while(!datafile.eof()){
        a=A.Get_num();
        switch(a){
            case 1:
            {
                datafile.seekp(-1*sizeof(class Goods),ios::cur);
                datafile.read((char *)&B[j1],sizeof(Food));j1++;
                break;
            }
            case 2:
            {
                datafile.seekp(-1*sizeof(class Goods),ios::cur);
                datafile.read((char *)&C[j2], sizeof(Makeup));
                j2++;
                break;
            }
            case 3:
            {
                datafile.seekp(-1*sizeof(class Goods),ios::cur);
                datafile.read((char *)&D[j3], sizeof(Article));
                j3++;
                break;
            }
            case 4:
            {
                datafile.seekp(-1*sizeof(class Goods),ios::cur);
                datafile.read((char *)&E[j4],sizeof(Drink));
                j4++;
                break;
            }
            default:
                break;
```

```
        }
        datafile.read((char *)&A,sizeof(Goods));
    }
    datafile.close();
}
void System::Search1(int h,char ch[20]){
    int s=0,found=0;
    switch(h){
    case 1:
        while(s<N){
            if(strcmp(ch,B[s].Getname())==0){
                B[s].Output();
                cout<<"\t\t\t**************************"
                    <<endl;
                found=1;
            }
            s++;
        }
        break;
    case 2:
        while(s<N){
            if(strcmp(ch,C[s].Getname())==0){
                C[s].Output();
                cout<<"\t\t\t**************************"
                    <<endl;
                found=1;
            }
            s++;
        }
        break;
    case 3:
        while(s<N){
            if(strcmp(ch,D[s].Getname())==0){
                D[s].Output();
                cout<<"\t\t\t**************************"
                    <<endl;
                found=1;
            }
            s++;
        }
        break;
    case 4:
        while(s<N){
            if(strcmp(ch,B[s].Getname())==0){
                E[s].Output();
                cout<<"\t\t\t**************************"
                    <<endl;
                found=1;
            }
            s++;
        }
        break;
    }
    if(found==0)
     cout<<"\n\n\t\t    对不起，该类别中没有您所要查询的商品！"<<endl;
```

```cpp
    }
void System::Search(){
    int rev;
    char name[20];
    int again=1;
    char t;
    while(again){
        Interface1();
        cin>>rev;
        cout<<"\t\t          请输入要查询的商品名 :";
        cin>>name;
        Search1(rev,name);
        cout<<"\t\t\t       是否继续查询 (y/n)？ ";
        cin>>t;
        cout<<endl;
        if(!(t=='Y' || t=='y'))
            again=0;
    }
    Interface();
}
void System::Out_Profit1(int h,char *name){
    int s=0,found=0;
    float profit;
    switch(h){
    case 1:
        while(s<N){
            if(strcmp(name,B[s].Getname())==0){
                B[s].Compute_profit();
                profit=B[s].Get_profit();
                found=1;
            }
            s++;
        }
        break;
    case 2:
        while(s<N){
            if(strcmp(name,C[s].Getname())==0){
                C[s].Compute_profit();
                profit=C[s].Get_profit();
                found=1;
            }
            s++;
        }
        break;
    case 3:
        while(s<N){
            if(strcmp(name,D[s].Getname())==0){
                D[s].Compute_profit();
                profit=D[s].Get_profit();
                found=1;
            }
            }
            break;
            s++;
    case 4:
```

```
        while(s<N){
            if(strcmp(name,B[s].Getname())==0){
                E[s].Compute_profit();
                profit=E[s].Get_profit();
                found=1;
            }
            s++;
        }
    break;
    }
    if(found==0)
        cout<<"\n\n\t\t    对不起，该类别中没有您所要查看利润的商品！"
            <<endl;
    else{
        cout<<"\t\t              商品名："<<name<<endl;
        cout<<"\t\t              利润："<<profit<<endl;
        cout<<"\t\t\t*****************************"<<endl;
    }
}
void System::Out_Profit(){
    int rev;
    char name[20];
    int again=1,count;
    char t;
    while(again){
        Interface1();
        cout<<"\n\t\t      请输入所要查看利润的商品类别：";
        cin>>rev;
        cout<<"\n\t\t      请输入所要查看利润的商品名：";
        cin>>name;
        Out_Profit1(rev,name);
        cout<<"\t\t\t    是否继续查看利润（y/n）？ ";
        cin>>t;
        cout<<endl;
        if(!(t=='Y' || t=='y'))
            again=0;
    }
    Interface();
}
void System::Interface(){
    int rev;
    cout<<"\n\n\n\n\n\n\n";
    cout<<"\t\t    ****************** 欢迎使用"
    cout<<"********************"<<endl;
    cout<<"\t\t    ********* 小型超市商品销售管理系统"
    cout<<"**********"<<endl;
    cout<<"\t\t              1.输入信息                    "<<endl;
    cout<<"\t\t              2.查询信息并显示              "<<endl;
    cout<<"\t\t              3.计算利润并显示              "<<endl;
    cout<<"\t\t              4.退出                        "<<endl;
    cout<<"\t\t              请您选择（1~4）： ";
    cin>>rev;
    switch(rev){
    case 1:
        In_information();
```

```
        break;
    case 2:
        Search();
        break;
    case 3:
        Out_Profit();
        break;
    case 4:
        exit(0);
    }
}

// main.cpp
#include "goods.h"
int main(void){
    System s;
    s.Interface();
    return 0;
}
```

程序运行主界面如图 12-3 所示。

选择 1、2 或 3 时，进入商品分类管理界面，如图 12-4 所示。

图 12-3　程序运行主界面　　　　　　　图 12-4　商品分类管理界面

　　用对象数组存放文件中读入或读出的商品信息的方式有一个缺陷，因为无法事先确定各类商品的种类，所以无法确定对象数组的大小。本题事先确定一个较大的数组空间。解决这个问题的最好方法就是采用异质链表来存放从文件中读取的信息。

12.3　小型公司的工资管理系统

12.3.1　系统需求

　　某公司有四类员工，现在需要存储这些员工的姓名、编号、工龄，计算总工资并显示姓名、编号和总工资信息。对每类员工工资的计算方法不同。表 12-1 是这些员工的工资计算方法，工龄作为已知量从键盘输入。如经理的总工资 = 固定工资 + 工龄工资，而工龄工资 = 工龄 × 年增加量。

表 12-1　员工工资计算方法

人员类别	固定工资	计时（元 / 小时）	工龄年增加（元）	销售提成
经理	有	无	50	无
工人	有	100	50	无
销售经理	有	无	50	5%
销售员	无	无	50	5%

四类员工的信息存在 4 个文件中。要求通过本系统实现以下功能：

1）完成添加员工的基本信息。

2）根据员工编号计算、查询其工资情况。

3）员工信息的显示。

12.3.2　分析与设计

分析阶段，需要注意几点：

1）系统功能模块包括员工信息添加模块、员工工资计算和显示模块、员工信息显示模块。

2）由于员工比较多，为了操作方便，假设每类员工的信息存放在一个磁盘文件中，这样系统中有 4 个文件，分别存放的是经理信息、工人信息、销售经理信息和销售员的信息。文件的格式如下。

经理文件：

姓名	编号	固定工资	工龄
张三	1	8000	10

工人文件：

姓名	编号	固定工资	工时	工龄
李四	10	5000	10	5

销售经理文件：

姓名	编号	固定工资	工龄	销售额
王五	20	2500	8	100000

销售员文件：

姓名	编号	工龄	销售额
钱六	30	8	80000

3）初始的员工信息从文件中读入，添加的单个员工信息从键盘输入，然后写入到相应的文件中，因为就存在一个数据的流动：读入员工信息，数据从文件流入到内存（对象属性）；添加的单个员工信息存入到文件，数据从内存（对象属性）流入到文件。

4）题中涉及的相关人员类及类间的关系在第 1 章的例 1-4 中已经分析给出，但为实现文件与内存信息的交换，每类员工需要增加对文件读与写的操作。

5）为了实现对这些人员类的管理，需要增加一个系统类，系统类的主要操作包括：员工信息的添加、员工工资的查询、员工信息显示。员工的信息可以存放在一个大容器中，也可以在员工类中设置 4 个容器，分别存放 4 类人员的信息，这道题我们采用 4 类人员对应存放 4 个文件的方法。

6）为了实现数据的备份，增加 4 个文件，分别用于备份经理信息、工人信息、销售经理信息和销售员的信息。文件的格式同 2）中各文件格式。

图 12-5 是分析阶段得到的小型公司管理系统的对象模型图。

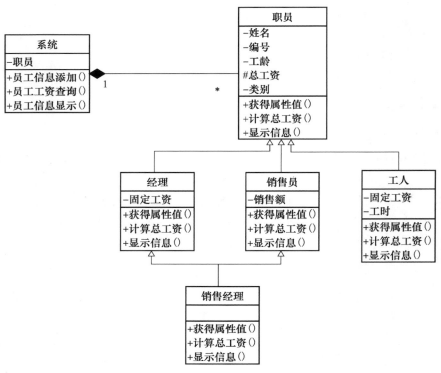

图 12-5　小型公司管理系统的对象模型

12.3.3　实现

以下是各个类的定义：

```
// 系统类
class System{
    fstream file1,file2;
    Employee *mye;
    vector<Employee*> emv[4];
    vector<Employee*>::iterator iter;
public:
    System();
    void menu1(); // 人员管理菜单
    void menu2(int i);    // 操作管理菜单
// 装载数据 (从文件到内存 (容器))
    void Load(vector<Employee*> &emv,int choose);
// 数据备份 (从内存到文件)
    void Save(vector<Employee*> emv);
    void Add(vector<Employee*> &emv,int choose);        // 增加职员
    void Find(vector<Employee*> emv);                   // 工资查找显示
    void Show(vector<Employee*> emv);                   // 信息显示
    ~System(){};
};
// 职员类
class Employee{
protected:
    string name;
```

```
        int num;
        int workAge;
        double totalSalary;
public:
        virtual void Get_Message();
        virtual void Read_File(fstream &file);
        virtual void Write_File(fstream &file);
        virtual void Pay()=0;
        virtual void Show_Message();
        double Get_TotalSalary(){ return totalSalary; }
        int Get_Num(){ return num;   }
        virtual ~Employee(){};
};
// 经理类
class Manager:virtual public Employee {
protected:
        float salary;
        fstream file1,file2;
public:
        Manager(){};
        void Get_Message();
        void Read_File(fstream &file);// add
        void Write_File(fstream &file);// add
        void Pay();
        void Show_Message();
        ~Manager(){};
};
// 工人类
class Worker:public Employee{
        float salary;
        int workHour;
public:
        Worker(){};
        void Get_Message();
        void Read_File(fstream &file);
        void Write_File(fstream &file);
        void Pay();
        void Show_Message();
        ~Worker(){};
};
// 销售员类
class Sell:virtual public Employee{
protected:
        float sale;
public:
        Sell(){};
        void Get_Message();
        void Read_File(fstream &file);
        void Write_File(fstream &file);
        void Pay();
        void Show_Message();
        ~Sell(){};
};
// 销售经理类
class Sell_Manager:public Sell,public Manager{
```

```
public:
    Sell_Manager(){};
    void Get_Message();
    void Read_File(fstream &file);
    void Write_File(fstream &file);
    void Pay();
    void Show_Message();
    ~Sell_Manager(){};
};
// 职员类的实现
void Employee::Get_Message(){
    cout<<" 请输入姓名: ";
    cin>>name;
    cout<<endl<<" 请输入编号: ";
    cin>>num;
}
void Employee::Show_Message(){
    cout<<"Name:"<<name<<endl;
    cout<<"Num:"<<num<<endl;
  }
void Employee::Write_File(fstream &file){
  file<<name<<" "<<num<<" ";
}
void Employee::Read_File(fstream &file){
    file>>name>>num;
}
// 经理类的实现
void Manager::Get_Message(){
    Employee::Get_Message ();
    cout<<endl<<" 请输入固定工资: ";
    cin>>salary;
    cout<<endl<<" 请输入工龄: ";
    cin>>workAge;
    cout<<endl;
}
void Manager::Show_Message(){
  Employee::Show_Message ();
  cout<<"salary:"<<salary<<endl;
  cout<<"workAge:"<<workAge<<endl;
  cout<<"total_salary:"<<totalSalary<<endl;
}
void Manager::Write_File(fstream &file){
 Employee::Write_File(file);
 file<<salary<<"   "<<workAge<<endl;
}
void Manager::Read_File(fstream &file){
    Employee::Read_File(file);
    file>>salary>>workAge;
}
void Manager::Pay(){
    totalSalary=salary+workAge*50;
}
// 系统类的实现
System::System(){
  file1.open("manager1.txt",ios::out);
```

```cpp
  if(!file1){
    cout<<"file open error!"<<endl;
    abort();
    }
  file2.open("manager2.txt",ios::in);
  if(!file2){
    cout<<"file open error!"<<endl;
    abort();
    }
}
void System::menu1(){
  int choose,yn;
  while(1) {
      cout<<" 请选择要管理的人员类别: "<<endl;
      cout<<"    0- 管理人员 "<<endl;
      cout<<"    1- 工人      "<<endl;
      cout<<"    2- 销售人员 "<<endl;
      cout<<"    3- 销售经理 "<<endl;
      cout<<"    退出时按其他键 "<<endl;
      cout<<" 请输入: ";
      cin>>choose;
      cout<<endl;
      if(choose>=0 && choose <=3)
          menu2(choose);
      else{
          cout<<" 输入有误 !"<<endl;
          exit(0);
      }
      cout<<" 是否继续管理其他职员? (1/0) :";
      cin>>yn;
      if(yn!=1)
          break;
    }
}
void System::menu2(int i){
  int choose,ny;
  while(1){
      cout<<" 请选择操作: "<<endl;
      cout<<"    0- 数据装载 "<<endl;
      cout<<"    1- 增加人员 "<<endl;
      cout<<"    2- 工资查询 "<<endl;
      cout<<"    3- 显示所有信息 "<<endl;
      cout<<"    4- 数据备份 "<<endl;
      cout<<"    退出时按其他键 "<<endl;
      cout<<" 请输入: ";
      cin>>choose;
      cout<<endl;
      switch(choose){
      case 0:
          Load(emv[i],choose);
          break;
      case 1:
          Add(emv[i],choose);
          break;
      case 2:
```

```
                    Find(emv[i]);
                    break;
              case 3:
                    Show(emv[i]);
                    break;
              case 4:
                    Save(emv[i]);
                    break;
              default:
                    cout<<" 输入有误！"<<endl;
                    exit(0);
        }
              cout<<" 是否继续（1/0）:";
              cin>>ny;
              if(ny!=1)
                    break;
        }
}
void System::Load(vector<Employee*> &myv,int choose){
    while(!file2.eof()){
        switch(choose){
              case 0:
                  mye=new Manager;
                  break;
                case 1:
                    mye=new Worker;
                    break;
                case 2:
                    mye=new Sell;
                    break;
                case 3:
                    mye=new Sell_Manager;
                     break;
          }
        mye->Read_File(file2);
        myv.push_back(mye);
      }
    file2.close();
 }
void System::Save(vector<Employee*> myv){
    for(iter=myv.begin();iter<myv.end();iter++)
      (*iter)->Write_File(file1);
    file1.close();
}
void System::Add(vector<Employee*> &myv,int choose){
    switch(choose){
      case 0:
        mye=new Manager;
        break;
      case 1:
        mye=new Worker;
        break;
      case 2:
        mye=new Sell;
        break;
      case 3:
        mye=new Sell_Manager;
```

```
        break;
      }
  mye->Get_Message ();
  myv.push_back(mye);
}
void System::Find(vector<Employee*> myv){
  int num;
  cout<<"请输入要查询人员的工号: ";
  cin>>num;
  for(iter=myv.begin();iter<myv.end();iter++){
      if((*iter)->Get_Num()==num){
        (*iter)->Pay();
        cout<<"工资为: "<<(*iter)->Get_TotalSalary()<<endl;
      }
  }
}
void System::Show(vector<Employee*> myv){
  cout<<"所有此类员工的信息为: \n";
  for(iter=myv.begin();iter<myv.end();iter++){
      (*iter)->Pay();
      (*iter)->Show_Message();
  }
}
//主函数
int main(){
    System s;
    s.menu1();
    return 0;
  }
```

程序运行界面，如图 12-6 所示。

当输入管理的人员类别（如 0）即管理人员时，程序运行如图 12-7 所示。

依次输入要管理的操作，即可进行数据的装载、增加人员、工资查询、显示信息、数据备份等界面，根据界面提示一步一步地完成即可。每次操作结束，界面会提示是否继续其他操作，如果继续其他操作，则输入 1，否则输入 0。若输入 1，则显示前一界面，继续选择要进行的操作，否则系统提示是否对其他人员管理，如果不需要，则退出系统，否则显示要管理的人员类别，继续管理其他人员，如图 12-8 所示。

图 12-6　选择人员管理类别界面

图 12-7　选择操作界面

图 12-8　继续操作界面

综合实验

实验目的

综合运用封装、继承、多态性、异质链表、文件流、异常处理、MFC 简单界面设计来设计和实现简单的信息管理系统。

实验基本要求

1. 利用面向对象的方法和 C++ 编程思想来完成系统的分析和设计；在设计过程中，建立清晰的类层次；用 UML 画出类及类间的关系图；程序中包含面向对象的基本知识：封装、继承、多态，基本的信息应该能长期保存（用文件存放）。

2. 系统启动运行时读取存储在文件中的记录并解析成对象数据放入内存（以 STL 向量或链表存放）。

3. 基本的信息管理包括：读数据（从文件中读到内存）、增加、删除、查询、修改、存盘（将内存中数据写回文件）。可以自己根据题目要求增加新的功能。增、删、改、查操作在内存中进行 (针对 STL 向量或链表的操作而不是针对文件的操作)。

4. 系统关闭前将内存数据存入文件（可以新建文件或覆盖原有文件）。

5. 类中属性以 private 或 protected 属性为主。

6. 层次分明，结构合理，加上简单界面的设计（如菜单），界面清新美观，维护容易。

7. 按照指导书的要求编写文档。

实验的方法和步骤

设计步骤：

第一步：进行完整的需求分析，写出需求分析报告。

第二步：进行详细设计，写出详细的设计报告。

第三步：各模块编码实现。

第四步：合并调试并试运行，记录实现过程中出现的问题及解决方案。

第五步：提交完整可执行软件，准备答辩。

第六步：答辩，演示软件，评分。

第七步：整合各报告，修改并提交。

实验任务（可选）

1. 高校工资管理系统

高校的人员种类有：行政人员、教师、实验室人员、后勤人员、外聘人员。通过本系统要求实现以下功能：

1）添加职员的基本信息。

2）校内人员调离学校时删除信息。

3）根据工作证号查询校内人员的工资，根据姓名查询外聘人员的工资。

4）根据工资计算准则计算总工资。

5）分类输出所有人员的信息。

要求：进行必要的调研，明确高校各类人员信息的组成；建立清晰的类层次；在 MFC 下实现软件，人员信息的录入通过对话框和控件完成；查询到的信息显示在对话框中；在磁盘上建立人员信息文件。

2. 班主任工作管理系统

班主任的日常工作非常烦琐，需要管理学生的信息、班级的日常活动等。结合班主任实际工作情况，开发一个管理系统，系统主要功能如下：

1）学生资料管理：提供学生基本档案、学生评语、家访记录的维护，并可以按照年龄、性别、政治面貌等条件查询和统计学生的信息。

2）班级日常管理：提供班干部管理、宿舍管理、考勤管理、班级奖惩记录等维护功能。

3）班级工作管理：提供班主任工作计划、工作总结、主题班会、学生谈话记录的维护功能。

3. 房屋销售管理系统

设计实现一套房屋销售的系统，要求管理各种类型的相关人员（例如，销售人员、开发商以及买主）和房屋信息，需要完成的功能主要如下：

1）人员的管理。系统管理人员能够对开发商以及销售人员的信息进行管理。

2）房屋信息的录入。能够实现对房屋信息的管理，包括房屋的产权性质、房屋的编号、面积、开发商、位置、物业公司、物业费、取暖方式、价格等信息的录入。

3）房屋信息的查询。能够按照开发商、位置、价格以及房屋编号进行房屋信息的查询，也可以查询房屋销售的汇总信息。由于只是进行查询操作，所以数据以只读形式出现。

4）房屋信息的维护。能够对房屋信息进行维护。

常用术语中英文对照表

abstract class	抽象类
abstraction	抽象
algorithm	算法
API	应用程序接口
argument	参数，实参
array	数组
assignment operator	赋值运算符
attribute	属性
base class	基类
bind	绑定，联编
C++ standard library	C++ 标准库
callback function	回调函数
catch	捕获
class	类
class hierarchy	类层次体系
class member	类成员
class template	类模板
class type	类类型
class-type conversion	类类型转换
ClassWizard	类向导
compiler	编译器
const	常，常量
const member function	常成员函数
constructor	构造函数
constructor initializer list	构造函数初始化列表
container	容器
control	控件
copy constructor	拷贝构造函数
data member	数据成员
data type	数据类型
debug	调试
declaration	声明
default constructor	缺省构造函数
definition	定义

derived class	派生类
destructor	析构函数
direct base class	直接基类
dynamic binding	动态绑定，动态联编
dynamic link library	动态链接库
dynamic linking	动态链接
dynamic memory allocation	动态内存分配
encapsulation	封装
enumeration	枚举
exception	异常
exception handling	异常处理
explicit constructor	显式构造函数
expression	表达式
friend	友元
friend class	友元类
friend function	友元函数
fstream	文件流
function	函数，功能
function prototype	函数原型
function template	函数模板
generic	泛型
global variable	全局变量
handler	消息处理函数
hash	哈希，散列
header file	头文件
integrated development environment（IDE）	集成开发环境
implementation	实现
implicit conversion	隐式类型转换
information hiding	信息隐藏
inheritance	继承
inline function	内联函数
instance	实例
instantiation	实例化
interface	接口
iostream	输入 / 输出流
istream	输入流
iterator	迭代器
list	表，链表
local variable	局部变量
member function	成员函数

message	消息
method	方法
microsoft foundation class（MFC）	微软基础类库
multiple inheritance	多重继承
namespace	命名空间
null statement	空语句
object	对象
object-oriented analysis（OOA）	面向对象分析
object-oriented design（OOD）	面向对象设计
object-oriented programming（OOP）	面向对象编程
object-oriented（OO）	面向对象
operator	运算符
ostream	输出流
overload	重载
overloaded operator	重载运算符
parameter	参数，形参
parent class	父类
pointer	指针
polymorphism	多态性
private	私有
private inheritance	私有继承
private member	私有成员
procedure-oriented programming	面向过程程序设计
program	程序
project	工程，项目
property	属性，性质
protected	受保护的
protected inheritance	保护继承
public	公有
public inheritance	公有继承
public interface	公有接口
public member	公有成员
pure virtual function	纯虚函数
query	队列
reference	引用
return type	返回类型
run-time	运行时
run-time binding	运行时绑定
sequence	序列
signed	有符号的

single document interface	单文档界面
single inheritance	单继承
standard template library（STL）	标准模板库
stack	栈
static linking	静态链接，静态联编
static member	静态成员
static variable	静态变量
stream	流
string	串，字符串
structured programming	结构化程序设计
sub-class	子类，派生类
template	模板
template argument	模板实参
template parameter	模板形参
terminate	终止
this pointer	this 指针
throw	抛出
typedef	类型定义
unsigned	无符号的
use case	用例
variable	变量
vector	向量
virtual base class	虚基类
virtual function	虚函数
void type	空类型
workspace	项目工作区

参 考 文 献

[1] Stanley B Lippman, Josée Lajoie, Barbara E Moo.C++ Primer 中文版 [M]. 李师贤，蒋爱军，梅晓勇，等译 .4 版 . 北京：人民邮电出版社，2006.

[2] 张海藩，弁永敏 . 面向对象程序设计实用教程 [M]. 北京：清华大学出版社，2001.

[3] Walter Savitch.C++ 面向对象程序设计 [M]. 周靖，译 .5 版 . 北京：清华大学出版社，2005.

[4] D S Malik.C++ 编程——从问题分析到程序设计 [M]. 钟书毅，高志刚，陈雷，等译 . 北京：电子工业出版社，2003.

[5] Robert L Kruse，Alexander J Ryba. C++ 数据结构与程序设计 [M]. 钱丽萍，译 . 北京：清华大学出版社，2004.

[6] 王育坚 .Visual C++ 面向对象编程教程 [M]. 北京：清华大学出版社，2003.

[7] 刘振安 . 面向对象程序设计 C++ 版 [M]. 北京：机械工业出版社，2006.

[8] Harvey M Deitel，Paul J Deitel.C++ 大学教程 [M]. 影印版，4 版 . 北京：电子工业出版社，2005.

[9] Muchael Blaha，James Rumbaugh. UML 面向对象建模与设计 [M]. 车皓阳，杨眉，译 .2 版 . 北京：人民邮电出版社，2006.

[10] 邵维忠，杨芙清 . 面向对象的系统分析 [M].2 版 . 北京：清华大学出版社，2006.

[11] 吴炜煜 . 面向对象分析设计与编程 [M].2 版 . 北京：清华大学出版社，2007.

[12] 甘玲，邱劲 . 面向对象技术与 Visual C++[M]. 北京：清华大学出版社，2004.

[13] 郑莉，董渊，张瑞丰 .C++ 语言程序设计 [M].3 版 . 北京：清华大学出版社，2005.

[14] Bruce Eckel. C++ 编程思想（第 2 卷）：实用编程技术 [M]. 刘宗田，袁兆山，渊秋菱，等译 . 北京：机械工业出版社，2005.

[15] 宛延闿 .C++ 语言和面向对象程序设计教程习题解答及上机实践 [M]. 北京：机械工业出版社，2005.

[16] Nicolar M Josuttis. THE C++ STANDARD LIBRARY ： A TUTORIAL AND REFERENCE[M]. 影印版 . 北京：清华大学出版社，2006.

[17] Scott Meyers. STL 高效编程 [M]. 英文版 . 北京：机械工业出版社，2006.

[18] 谭浩强 . C++ 面向对象程序设计 [M]. 北京：清华大学出版社，2006.

[19] Herbert Schildt. C++ 完全参考手册 [M]. 影印版，4 版 . 北京：清华大学出版社，2005.

[20] 谭浩强 . C 语言程序设计 [M]. 北京：清华大学出版社，2010.